„Betriebsoptimierung moderner Steinkohlenstaubfeuerungen zur Vermeidung von Feuerraumkorrosion“

von der Fakultät Energie-, Verfahrens- und Biotechnik der Universität Stuttgart
zur Erlangung der Würde eines Doktors der
Ingenieurwissenschaften (Dr.-Ing.) genehmigte Abhandlung

Vorgelegt von
Dipl.-Ing. Oliver Greißl
aus Stuttgart

Hauptberichter:	Prof. Dr. techn. Günter Scheffknecht
Mitberichter:	Prof. Dr.-Ing. Hartmut Spliethoff
Tag der mündlichen Prüfung:	10.12.2009

Institut für Verfahrenstechnik und Dampfkesselwesen, IVD
der Universität Stuttgart
2009

Bibliografische Information der Deutschen Nationalbibliothek
Die Deutsche Nationalbibliothek verzeichnet diese Publikation in der Deutschen Nationalbibliografie; detaillierte bibliografische Daten sind im Internet über http://dnb.d-nb.de abrufbar.
1. Aufl. - Göttingen : Cuvillier, 2010
Zugl.: Stuttgart, Univ., Diss., 2009

978-3-86955-228-6

Nonnenstieg 8, 37075 Göttingen
Telefon: 0551-54724-0
Telefax: 0551-54724-21
www.cuvillier.de

1. Auflage, 2010
Gedruckt auf säurefreiem Papier

978-3-86955-228-6

Vorwort

Die vorliegende Arbeit entstand während meiner Tätigkeit als wissenschaftlicher Mitarbeiter am Institut für Verfahrenstechnik und Dampfkesselwesen (IVD) der Universität Stuttgart.

Mein besonderer Dank gilt Herrn Prof. Dr. techn. Scheffknecht für die Übernahme des Hauptberichtes und die zahlreichen konstruktiven und wertvollen Anregungen bei der Entstehung dieser Arbeit.

Herrn Prof. Dr.-Ing. PD Hartmut Spliethoff von der TU München danke ich für die Übernahme des Mitberichtes.

Meinen Abteilungsleitern am IVD Herrn Dr.-Ing. Sven Unterberger und Herrn Dr.-Ing. Harald Thorwarth danke ich für die freundschaftliche Unterstützung und die erhaltenen Freiräume bei der Bearbeitung von Forschungs- und Industrieprojekten.

Bei Herrn Dr.-Ing. Martin Käß und Herrn Dr.-Ing. Thomas Sabel möchte ich mich für das entgegengebrachte Vertrauen und die fachliche Unterstützung ganz besonders bedanken, die durch ihre Unterstützung und ihr Mitwirken seitens der EnBW Kraftwerke AG die Untersuchungen, die dieser Arbeit zugrunde liegen, ermöglicht haben.

Ein weiterer besonderer Dank gilt Herrn Dr.-Ing. Benedetto Risio und Herrn Dipl.-Ing. Frank Blum von der Fa. RECOM Services für die Einführung in die mathematische Feuerraummodellierung und die Durchführung der erforderlichen Simulationsrechnungen.

Ein Dankeschön gebührt den Mitarbeitern der IVD-Werkstatt für den Bau zahlreicher Messsonden sowie den Mitarbeitern und Studenten, die mich beim Einsatz dieser Messsonden im Großkraftwerk unterstützt haben.

Weiterhin möchte ich mich bei allen namentlich ungenannt gebliebenen Mitarbeiter/innen des IVD für die gute Zusammenarbeit, die stets große Hilfsbereitschaft und das ausgezeichnete Arbeitsklima bedanken.

Ein ganz besonderer Dank gilt meiner lieben Frau Tanja und meinen Eltern, die mich stets unterstützt haben und auch in „zähen" Phasen die erforderliche Geduld mit mir aufgebracht haben.

Zang, im Juni 2009 Oliver Greißl

Inhaltsverzeichnis

Formelzeichen

Formelzeichen		
λ	Luftzahl	
d_k	mittlerer Korndurchmesser	[mm]
g	Erdbeschleunigung	[m/s^2]
H_u	unterer Heizwert	[kJ/kg]
m	Masse	[kg]
T	Temperatur	[°C], [K]
w_t	mittlere Sinkgeschwindigkeit	[m/s]
μ	Beladung	[kg/kg]
v	Strömungsgeschwindigkeit	[m/s]
ρ	Dichte	[kg/m^3]
σ	Standardabweichung	
l	Verbrennungsluftmenge	[kg/kg]
l_{min}	Mindestluftmenge für eine stöchiometrische Brennstoffumsetzung	[kg/kg]

Abkürzungen

Abkürzungen	
ABL	Ausbrandluft
BImSchV	Bundes Immissionsschutz Verordnung
DeNOx	Rauchgasreinigungsanlage zur Stickoxidminderung
Fr	Froude-Zahl
GV	Glühverlust
HKW	Heizkraftwerk
HTK	Hochtemperaturkorrosion
IVD	Institut für Verfahrenstechnik und Dampfkesselwesen
KGV	Korngrößenverteilung
LNB	Low-NOx-Burner
Luvo	Luftvorwärmer
MR	Messreihe
RDK	Rheinhafen Dampfkraftwerk
REA	Rauchgasentschwefelungsanlage
SA-Kohle	Südafrikanische Kohle
SCR	Selective Catalytic Reduction
SMG	Staubmessgerät
SNCR	Selective Non Catalytic Reduction
SWL	Seitenwandluft
VE-G	Vattenfall Europe Generation
WA	Wandatmosphäre
wf	wasserfrei
ZV	Zwangsverteiler

Abstract

Since 1996, the German public utility companies are no longer obliged to use German coals only. Therefore, cheaper imported coals are mainly used today in hard-coal fired boilers. The use of imported coals instead of coals the boiler was originally designed for is likely to generate operational problems.

The different coal properties, in connection with a non-adapted mode of operation, may lead to slagging, fouling or corrosion in the furnace and in the convective sections. Although waterwall fireside corrosion is a well known problem in pulverised coal-fired boilers and the corrosion mechanisms are well-investigated, about 27 % [33] of the breakdowns in coal fired power plants in Germany are caused by fireside waterwall corrosion.

Therefore, each optimization of existing firing conditions should be accompanied by wall atmosphere measurements to ensure that a change in the firing conditions does not affect the wall atmosphere in a negative way and as a result increases the probability of waterwall corrosion.

Reducing conditions in the furnace are pre-conditions for waterwall-fire-side corrosion. Therefore, the oxygen concentration close to the waterwalls is measured and used to identify areas where waterwall fireside corrosion is probable.

Within this work, the wall atmosphere of pulverised coal-fired boilers was measured at different conditions to identify parameters with a significant influence on the wall atmosphere. Also the connectivity between measured wall atmosphere and occurred tube wastage due to fireside corrosion was investigated.

The investigations took place at the Combined Heat and Power Station unit 7 (RDK7) of EnBW Kraftwerke AG in Karlsruhe. The pulverised coal firing system combines low-NO_x swirl burners with an opposed wall firing concept. The 32 internally air-staged burners (SM I) are distributed on four levels. On each level, four burners are arranged at the front wall and opposed to them, four burners at the rear wall. The burners of one burner level are provided with coal from one roller mill, so that the pulverised coal of each mill has to be distributed to 8 burners equally.

The aim was to develop an efficient and above all safe operation mode without running into the problem of waterwall-fire-side corrosion.

During an outage tube thickness measurements have been conducted in the whole furnace. The areas with highest tube wastage matched very well with the areas, where reducing conditions have been identified.

The results proved that the observation of the wall atmosphere is a method to identify critical areas, where waterwall-fire-side corrosion can occur, before the loss of material will lead to an outage of the power plant.

In order to prevent this form of corrosion it is necessary to know how the wall atmosphere and therefore the oxygen concentration close to the water walls can be influenced and improved.

The following parameters turned out to be important:

- amount of excess air,
- air staging at the burners,
- coal flow distribution to the burners,
- fineness of the coal delivered to the burners.

The coal distribution to the burners and the resulting capacity of each burner were measured. With an isokinetic suction-probe coal particles from each coal pipe were sampled and analysed to determine the fineness of the pulverized coal. The coal pipes were also equipped with an online coal distribution measurement device, working with microwaves, which shows the fluctuations of the coal flow inside each coal pipe.

At some of the wall atmosphere measurement ports, oxygen concentration fluctuations have been detected with a similar frequency as the detected coal flow fluctuations. The fluctuations of the input flows, coal as well as primary and secondary air, make it very difficult to determine the impact of the different parameters on the wall atmosphere. Therefore, the 3D-boiler modelling tool AIOLOS jointly developed by University of Stuttgart (IVD) and RECOM Services (a spin-off from Stuttgart University) was used to examine parameter variations.

With the results of the computational simulations, not only the influence on the wall atmosphere but also the effect of the parameter variations on NO_x, CO, carbon in ash and the temperature at the end of the furnace can be determined.

The 3D-boiler model shows that unbalanced coal mass flow to the burners has a major influence on the wall atmosphere. In order to improve the oxygen concentration close to water walls, a better coal mass flow distribution to the burners should be achieved. A better balanced coal mass flow would also reduce the carbon in ash and the primary NO_x concentration. If the coal mass flow diverters lead to an unbalanced flow, the particle size distribution normally is also affected. Burners with higher load typically also receive pulverised coal with a lower fineness and on the other hand burners with lower load receive pulverised coal with higher fineness. Such a classification increases the influence of an unbalanced coal mass flow.

With an online-measurement of the coal mass it would be possible to adapt the air flow to the coal mass flow. The achievable results with this method are comparable to a balanced coal mass flow distribution.

Acknowledgement

This work was performed as a part of the joint research project "Influence of the coal distribution on the operation of a power plant", which was funded by the EnBW Kraftwerke AG.

The continuous support and fruitful cooperation with the EnBW team is greatly acknowledged.

Kurzfassung

Seit der Liberalisierung des Energiemarktes im Jahr 1996 ist es den Betreibern deutscher Kohlekraftwerke erlaubt, auch Importkohle zu verbrennen. Beim Einsatz von Importkohlen, die sich in ihrer Zusammensetzung und ihren Eigenschaften von der ursprünglichen Auslegungskohle stark unterscheiden, kann dies Betriebsprobleme in der jeweiligen Feuerung verursachen.

Unterschiedliche Kohleeigenschaften in Verbindung mit einer nicht angepassten Betriebsweise können zu einer erhöhten Verschmutzung, Verschlackung und Korrosionsneigung an den Feuerraumwänden und den Berührungsheizflächen im konvektiven Bereich der Feuerung führen. Die feuerraumseitige Korrosion an der Oberfläche von Verdampferrohren ist zwar hinlänglich bekannt und die zugrunde liegenden Korrosionsmechanismen erforscht, dennoch werden ca. 27 % [33] aller ungeplanten Stillstände von Kohlenstaubfeuerungen durch feuerraumseitige Korrosion verursacht.

Eine Veränderung der Feuerungseinstellungen, beispielsweise im Zuge einer Feuerungsoptimierung, sollte daher stets von Sauerstoffkonzentrationsmessungen im wandnahen Bereich der Feuerraumwände begleitet werden um sicherzustellen, dass das Korrosionspotenzial an den Feuerraumwänden dadurch nicht erhöht wird.

Reduzierende Bedingungen an den Feuerraumwänden gelten als Voraussetzung für das Auftreten von Feuerraumkorrosion. Aus diesem Grund werden die Sauerstoffkonzentrationen in wandnahen Bereichen der Feuerraumwände gemessen, um so Bereiche mit erhöhtem Korrosionspotenzial zu identifizieren. In diesem Zusammenhang wird die Gaszusammensetzung im wandnahen Bereich der Feuerraumwände auch als Wandatmosphäre bezeichnet.

Im Rahmen dieser Arbeit wurde die Wandatmosphäre einer Kohlenstaubfeuerung bei unterschiedlichen Feuerungseinstellungen gemessen um Parameter zu identifizieren, die einen maßgeblichen Einfluss auf die Zusammensetzung der Wandatmosphäre haben. Weiterhin wurde der Zusammenhang zwischen gemessener Wandatmosphäre und der Materialabzehrung an Verdampferrohren aufgrund von Feuerraumkorrosion untersucht.

Die Untersuchungen erfolgten am Block 7 des Rheinhafendampfkraftwerks der EnBW Kraftwerke AG in Karlsruhe. Die untersuchte Feuerung ist als Gegenfeuerung mit Low-NO_x Brennern ausgeführt. Die insgesamt 32 Stufenmischbrenner vom Typ SM I sind auf vier Brennerebenen angeordnet. Jede Brennerebene ist mit 8 Brennern ausgerüstet, dabei sind je vier Brenner auf der Vorderseite und der Rückseite installiert. Die Brenner einer Brennerebene werden jeweils von einer Mühle versorgt. Der aus der Mühle austretende

Kohlenstaub wird mit Hilfe von so genannten Zwangsverteilern auf die entsprechenden Brenner verteilt.

Im Rahmen einer geplanten Revision der untersuchten Anlage wurden Wanddickenmessungen im gesamten Feuerraum durchgeführt. Die Bereiche mit den höchsten festgestellten Materialabzehrungen stimmten dabei sehr gut mit den Bereichen überein, an denen zuvor geringe Sauerstoffkonzentrationen gemessen wurden.

Die Ergebnisse dieser Untersuchungen belegen, dass die regelmäßige Überwachung der Wandatmosphäre eine geeignete Methode darstellt, um kritische Bereiche im Hinblick auf eine mögliche Feuerraumkorrosion zu identifizieren.

Zur Vermeidung von Feuerraumkorrosion ist es notwendig zu wissen, mit welchen Parametern sich die Wandatmosphäre und damit die Sauerstoffkonzentrationen in wandnahen Bereichen der Verdampferwände beeinflussen lassen.

Als maßgebliche Parameter unter diesem Gesichtspunkt wurden

- der Luftüberschuss,
- die Luftstufung am Brenner,
- die Kohlenstaubverteilung auf die Brenner
- und der Ausmahlungsgrad des Kohlenstaubes identifiziert.

Zur Bestimmung der Kohlenstaubverteilung wurde an jedem Brenner mittels einer isokinetischen Absaugsonde die Kohlenstaubdurchflussmenge gemessen. Bei dieser Messmethode wird ein Teilstrom aus der Kohlenstaubleitung abgesaugt und der Kohlenstaub vom Traggas abgeschieden. Die so für jeden Brenner erhaltenen Kohlenstaubproben wurden im Labor hinsichtlich der Korngrößenverteilung analysiert. Die Kohlenstaubleitungen aller 32 Brenner sind zusätzlich mit einem MIC Online-Kohlenstaubmessgerät ausgerüstet, das kontinuierlich die Kohlenstaubverteilung auf die einzelnen Brenner einer Mühle misst und aufzeichnet. Anhand der Signale dieses Messsystems können die Schwankungen der Kohlenstaubmenge in jeder Kohlenstaubleitung erfasst und ausgewertet werden.

Die festgestellten Schwankungen der Kohlenstaubförderung in einigen Kohlenstaubleitungen zeigen ein vergleichbares Verhalten wie die Schwankungen der gemessenen Sauerstoffkonzentration an den entsprechenden Wandatmosphäremessstellen. Aufgrund der vorhandenen Schwankungsbreiten sowohl bei der Kohlenstaubförderung als auch bei der Primär- und Sekundärluft an den Brennern ist es sehr schwierig, den Einfluss der einzelnen Parameter auf die Wandatmosphäre zu quantifizieren. Aus diesem Grund wurde das vom Institut für Verfahrenstechnik und Dampfkesselwesen (IVD) der Universität Stuttgart und der Firma RECOM Services entwickelte Simulationswerkzeug AIOLOS genutzt um Parameterstudien durchzuführen.

Die Simulationsergebnisse der durchgeführten Parameterstudien ermöglichen es, die im Hinblick auf die Zusammensetzung der Wandatmosphäre ermittelten Einflussparameter zu verifizieren und zu quantifizieren. Darüber hinaus werden aber auch Informationen bezüglich der Auswirkungen dieser Parametervariationen auf die Rauchgaszusammensetzung und den Glühverlust erhalten.

Mit Hilfe der Simulationsrechnungen lässt sich anschaulich belegen, dass eine ungleichmäßige Verteilung des Kohlenstaubes auf die Brenner einen maßgeblichen Einfluss auf die Zusammensetzung der Wandatmosphäre besitzt. Mit der Einstellung einer gleichmäßigeren Kohlenstaubverteilung auf die Brenner kann die Sauerstoffkonzentration im wandnahen Bereich der Feuerraumwände erhöht werden. Ein weiterer positiver Aspekt zeigt sich anhand eines geringeren Glühverlustes und niedrigerer primärer NO_x-Konzentrationen im Rauchgas. Die Untersuchungen zeigen weiterhin, dass eine ungleichmäßige Kohlenstaubverteilung in den Verteilersystemen auch zu einer Korngrößenseparation führt. Üblicherweise erhalten Brenner mit einer hohen Kohlenstaubbeaufschlagung auch einen höheren Grobkornanteil, wodurch die negativen Auswirkungen einer ungleichmäßigen Kohlenstaubverteilung noch verstärkt werden.

Mit Hilfe einer kontinuierlichen und zuverlässigen Erfassung der Kohlenstaubverteilung ist eine brennerscharfe Anpassung der Verbrennungsluftmenge an die jeweilige Kohlemenge möglich. Die dabei erreichbaren Verbesserungen entsprechen denen, die bei einer Gleichverteilung des Kohlenstaubes erreicht werden können.

Die gewonnen Erkenntnisse zeigen auf, welche Maßnahmen zur Erhöhung der Sauerstoffkonzentration an den Feuerraumwänden einer Kohlenstaubfeuerung zur Verfügung stehen. Es wird dabei unterschieden zwischen Maßnahmen, die lediglich auf einer veränderten Betriebsweise beruhen und Maßnahmen, die eine bauliche Veränderung der Anlage erfordern.

1. Einleitung

1.1. Hintergrund

In Deutschland wird rund die Hälfte des Strombedarfs durch Kohlekraftwerke gedeckt, wobei Stein- und Braunkohle zu ungefähr gleichen Anteilen eingesetzt werden. Für die Stromerzeugung aus Kohle sprechen die hohe Verfügbarkeit und Preisstabilität des Brennstoffes im Vergleich zu anderen Primärenergieträgern. Zur Einhaltung abgasseitiger Grenzwerte und auch aus wirtschaftlichen Überlegungen wurden Kohlefeuerungen auf die so genannte NO_x-arme Fahrweise umgestellt. Diese Umstellung der Fahrweise kann zu Sauerstoffmangel an der Oberfläche von Verdampferrohren im Feuerraum führen [20], [45]. Sauerstoffmangelgebiete an den Feuerraumwänden und eine damit einhergehende reduzierende Atmosphäre sind eine wesentliche Voraussetzung für die in Feuerräumen vorkommenden Korrosionsmechanismen.

In den vergangenen Jahren kam es aufgrund von Feuerraumkorrosion immer wieder zu teilweise erheblichen Verdampferschäden bei Kohlenstaubfeuerungen, wobei überwiegend Steinkohlenstaubfeuerungen betroffen waren [24], [47]. Der Anteil der Blockausfälle, die durch Schäden am Kesseldruckkörper von Steinkohlenstaubfeuerungen durch Korrosion verursacht werden, liegt bei rund 27 % [33].

1.2. Zielsetzung und Schwerpunkte der Arbeit

Im Rahmen dieser Arbeit wurden umfangreiche Untersuchungen durchgeführt, um eine mögliche Feuerraumkorrosion durch Überwachung der Sauerstoffkonzentration an den Feuerraumwänden zu erkennen. Ein weiterer Schwerpunkt der Arbeit war die Analyse der Auswirkungen von Kohlenstaubungleichverteilungen im Feuerraum auf die Rauchgaszusammensetzung in der Nähe der Feuerraumwände, wobei diese im Allgemeinen als Verdampferrohre ausgebildet werden. Dazu wurden die Kohlenstaubverteilung und die Korngrößenverteilung für alle Brenner einer Feuerung bestimmt. Basierend auf den Messdaten erfolgten simulationsgestützte Untersuchungen zur Ermittlung des Einflusses der Kohlenstaubverteilung und der Korngrößenverteilung auf die Wandatmosphäre.

Im Einzelnen ist die Arbeit wie folgt gegliedert. Der Stand der Technik im Bereich Staubfeuerungen wird im Kapitel 2 erläutert, es werden die wesentlichen Komponenten einer Staubfeuerung und deren Funktionsweise dargestellt sowie die in Feuerräumen von Kohlefeuerungen auftretenden Korrosionsmechanismen beschrieben. Es wird gezeigt, wie sich die Zusammensetzung der Wandatmosphäre und damit das potenzielle Auftreten von Feuerraumkorrosion durch die Feuerungseinstellungen beeinflussen lassen.

Die eingesetzten Messtechniken zur Untersuchung und Überprüfung der Wandatmosphäre und zur Bestimmung der Kohlenstaubverteilung sowie die untersuchte Feuerung werden in Kapitel 3 beschrieben.

Im Rahmen des von der EnBW Kraftwerke AG finanzierten Forschungsvorhabens „Charakterisierung von Großkraftwerksfeuerungen mittels moderner Messtechnik und Simulation zur Optimierung des Betriebsverhaltens“ wurden messtechnische Untersuchungen der Wandatmosphäre und der Kohlenstaubverteilung auf die Einzelbrenner durchgeführt. Die Ergebnisse dieser Untersuchungen werden in Kapitel 4 dargestellt und diskutiert.

In Kapitel 5 werden die Ergebnisse der gemessenen Kohlenstaubverteilungen dargestellt und deren Einfluss auf die Zusammensetzung der Wandatmosphäre diskutiert.

Kapitel 6 zeigt, wie mit Hilfe numerischer Feuerraumsimulationen optimierte Feuerungseinstellungen erarbeitet und vorab hinsichtlich der Wirksamkeit überprüft werden können. Von der Firma Recom Services wurden, basierend auf den ermittelten Eingangsdaten, Simulationsrechnungen durchgeführt. Die Ergebnisse der simulationsgestützten Untersuchungen zeigen, wie sich feuerungstechnische Maßnahmen auf die Zusammensetzung der Wandatmosphäre und damit auf die Wahrscheinlichkeit des Auftretens von Feuerraumkorrosion auswirken.

Eine Zusammenfassung und Ausblick werden in Kapitel 7 gegeben.

2. Kohlenstaubfeuerungen – Stand der Technik

Bei der großtechnischen Verbrennung von Kohle zur Erzeugung von Strom und Fernwärme werden überwiegend Staubfeuerungen eingesetzt [22]. Der feste Brennstoff muss dazu zerkleinert und getrocknet werden. Der dann staubförmige Brennstoff wird anschließend mit einem Traggas zum Brenner gefördert und in die Brennkammer eingeblasen. Durch die Zerkleinerung des Brennstoffes wird die Oberfläche stark vergrößert und die Reaktionsgeschwindigkeit der Kohleverbrennung beschleunigt [14]. Die schnelle Wärmefreisetzung ermöglicht eine gute Regelbarkeit und ein angemessenes Lastwechselverhalten. Im Unterschied zu einer Rostfeuerung, bei der stückiger Brennstoff auf dem Rost abbrennt, findet bei einer Staubfeuerung die Verbrennung in einem Feuerraumvolumen statt, das vergleichbar mit dem einer Gasfeuerung ist [12].

Die Sauerstoffkonzentration am Feuerraumende ist ein Maß für den Luftüberschuss und dient zur Ermittlung der Luftzahl. Die Luftzahl λ ist das Verhältnis aus zugeführter Verbrennungsluftmenge l und der für eine stöchiometrische Umsetzung des Brennstoffes erforderlichen Luftmenge l_{min}. Moderne Kohlenstaubfeuerungen werden mit einer Luftzahl zwischen 1,15 und 1,25 betrieben [69].

2.1. Bauarten von Kohlenstaubfeuerungen

Das erste Kraftwerk mit einer Kohlenstaubfeuerung wurde 1918 in Milwaukee (USA) in Betrieb genommen. In den darauf folgenden Jahren hat sich die Kohlenstaubfeuerung bei der Verstromung von Kohle aufgrund der oben genannten Vorteile gegenüber Rostfeuerungen durchgesetzt. Die wesentlichen Komponenten einer Kohlenstaubfeuerung sind die Mahlanlage, bestehend aus der Brennstoffzuteilung und der Mühle, das Staubfördersystem, die Brenner und die Brennkammer. Abhängig von den Eigenschaften der zu verbrennenden Kohle wurden verschiedene Konzepte realisiert. Im Folgenden wird eine Übersicht und Einteilung der verschiedenen Bauarten von Kohlenstaubfeuerungen gegeben.

2.1.1. Direkte und indirekte Kohlenstaubfeuerung

Wird die Kohle direkt nach der Mühle zu den Brennern gefördert und in den Feuerraum eingeblasen, spricht man von einer direkten Feuerung. Abbildung 1 zeigt den wesentlichen Aufbau einer direkten Kohlenstaubfeuerung. Die Kohle wird von einem Zuteiler aus dem Vorratsbunker in die Mühle gefördert, dort erfolgt die Mahlung und Trocknung. Der brennfertige Kohlenstaub wird mit so genanntem Traggas aus der Mühle ausgetragen und über die Brenner in den Feuerraum eingeblasen. Bei Feuerungen mit indirekter

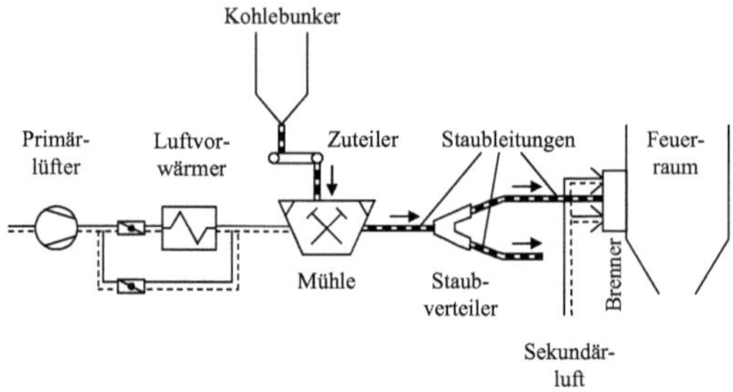

Abbildung 1: Schema einer direkten Kohlenstaubfeuerung [57]

Staubeinblasung (s. Abbildung 2) wird die gemahlene Kohle nicht direkt zu den Brennern gefördert, sondern in einem Vorlagebehälter zwischengelagert. Während bei der direkten Feuerung das Verhältnis von Kohlenstaub- zu Traggasstrom, die so genannte Beladung, auf Grund der Mahltrocknung und der Strömungsbedingungen in der Mahlanlage bestimmt ist, kann dies bei der indirekten Feuerung lediglich unter Berücksichtigung des pneumatischen Transportes gewählt werden. Dies ermöglicht bei schwierigen Brennstoffen Vorteile im Hinblick auf Zündung und Stabilität der Verbrennung. Allerdings erfordert die Bunkerung von brennfertigem Kohlenstaub eine sicherheitstechnische Überwachung des Vorlagebehälters und stellt insgesamt einen erhöhten verfahrenstechnischen Aufwand dar, weshalb eine direkte Kohlenstaubfeuerung üblicherweise bevorzugt wird.

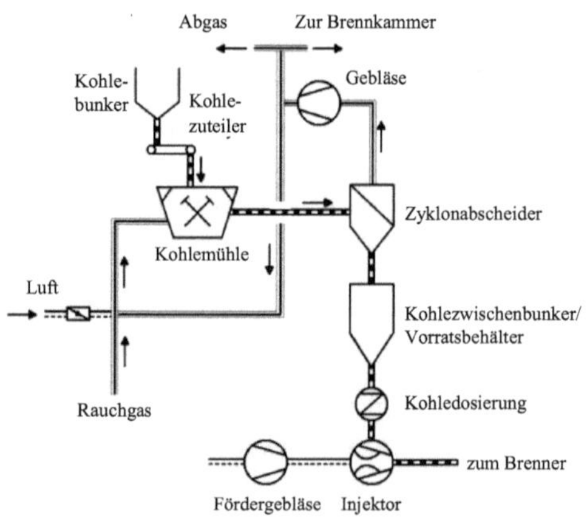

Abbildung 2: Schema einer indirekten Kohlenstaubfeuerung [57]

2.1.2. Stein- und Braunkohlenstaubfeuerungen

Der wesentlich höhere Wassergehalt von Braunkohle (bis zu 60 %) gegenüber Steinkohle (8-15 %) erfordert eine höhere Trocknungsleistung der Mühle. Bei Braunkohlenstaubfeuerungen erfolgt die Mahltrocknung daher mit heißen Rauchgasen aus dem Feuerraum, während bei Steinkohlenstaubfeuerungen der Primärlüfter einen Teil der im Luftvorwärmer (Luvo) aufgeheizten Frischluft in die Mühle fördert. Aufgrund des hohen Wassergehaltes der Braunkohle und des damit geringeren Heizwertes gegenüber der Steinkohle, ist bei gleicher thermischer Leistung ein entsprechend höherer Brennstoffeinsatz notwendig. Daraus resultiert unter anderem wegen des größeren Rauchgasvolumenstromes bei gleicher thermischer Leistung eine um den Faktor 1,3-1,4 höhere Baugröße von Braunkohledampferzeugern gegenüber Steinkohledampferzeugern.

2.1.3. Trocken entaschte Feuerungen und Schmelzkammerfeuerungen

Abbildung 3 zeigt verschiedene Bauformen von Staubfeuerungen. Bei der konventionellen Kohlenstaubfeuerung (Abbildung 3, links) wird der Kohlenstaub senkrecht zur Rauchgasrichtung eingeblasen. Hier wird der größte Teil der Asche (ca. 90 %) als Flugasche mit dem Rauchgasstrom aus der Feuerung ausgetragen und in nachgeschalteten Filtern abgeschieden.

Bei der Down-Shot Feuerung (Abbildung 3, Mitte) wird der Kohlenstaub senkrecht nach unten in die Brennkammer eingeblasen, aufgrund der vorgegebenen Feuerraumgeometrie werden die Flammen nach wenigen Metern um 180 ° umgelenkt. Der Vorteil dieses

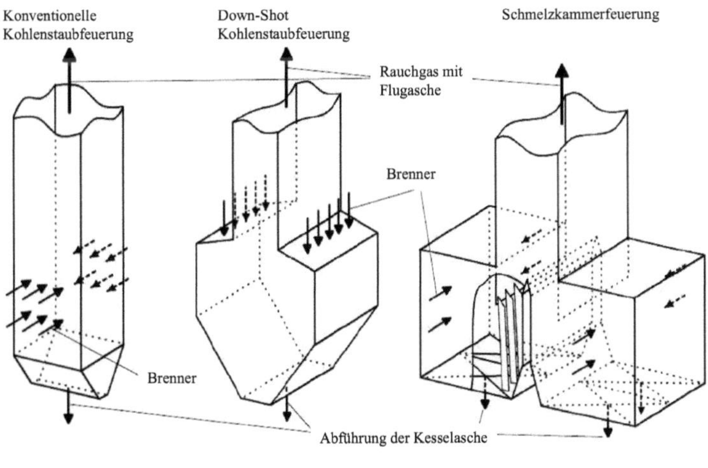

Abbildung 3: Wesentliche Bauarten von Kohlenstaubfeuerungssystemen [57]

Feuerungskonzeptes ist eine große Verweildauer der Kohlepartikel bei hohen Temperaturen, dadurch eignet sich dieses Konzept insbesondere für niederflüchtige Kohlen.

Bei Staubfeuerungen mit flüssigem Ascheabzug oder Schmelzkammerfeuerungen (Abbildung 3, rechts) liegt die Temperatur in der Brennkammer deutlich oberhalb der Ascheschmelztemperatur. Die flüssige Asche wird über eine oder mehrere Abzugsöffnungen im Brennkammerboden abgezogen. Dieses Feuerungskonzept eignet sich besonders für aschereiche und niederflüchtige Kohlen und wurde erstmalig 1934 in Tschechien eingesetzt. Nachteilig wirken sich die hohen Temperaturen auf die thermische NO_x-Bildung aus, zur Einhaltung des NO_x-Grenzwertes ist ein entsprechend hoher Aufwand bei der Rauchgasreinigung erforderlich. Andererseits bietet die Schmelzkammerfeuerung Vorteile im Hinblick auf die Eigenschaften der Asche. Da diese aus dem schmelzflüssigen Zustand im Wasserbad erstarrt, entsteht ein grobkörniger, nicht auslaugbarer Rückstand, der verwertet oder problemlos deponiert werden kann. Trotz der Vorteile werden auch auf Grund der höheren Investitions- und Wartungskosten Schmelzkammerfeuerungen heute eher selten eingesetzt.

2.1.4. Konventionelle Ausführungen von trocken entaschten Staubfeuerungen

Die im vorigen Kapitel (2.1.3) beschriebene konventionelle Bauform von Kohlenstaubfeuerungen wird hier näher erläutert. Eine weitere Unterteilung dieser Bauform kann anhand der Brenneranordnung und der eingesetzten Brenner vorgenommen werden.

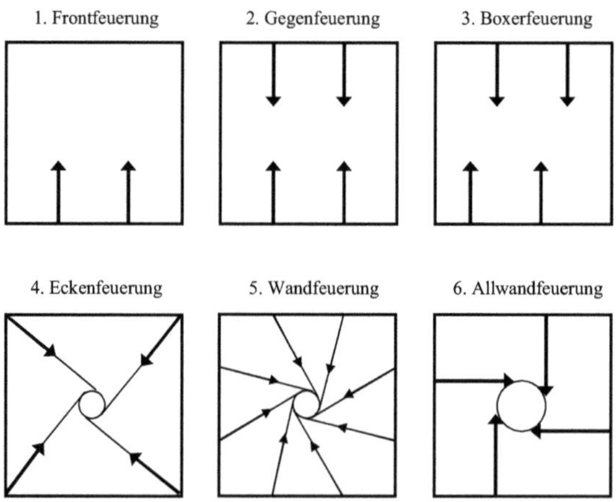

Abbildung 4: Brenneranordnungen verschiedener Feuerungskonzepte

Die in Abbildung 4 dargestellten Bauformen können unterschieden werden in Drallbrennersysteme und Tangentialfeuerungssysteme.

Moderne Drallbrenner sind im Aufbau komplexer und aufwändiger als Strahlbrenner und bieten dem Betreiber mehr Möglichkeiten zur Beeinflussung der Flamme und der Zündung am Brenner. Beispielsweise kann durch eine Erhöhung der Drallzahl am Brenner die Mischung des Brennstoffes und der Verbrennungsluft intensiviert werden. Dies kann insbesondere dann erforderlich werden, wenn der Gehalt an Flüchtigen in der Einsatzkohle abnimmt und damit die Zündfähigkeit der Kohle sich ändert.

Drallbrennersysteme zeichnen sich aus durch

- eine gute Mischung von Luft und Brennstoff,
- eine schnelle und stabile Zündung,
- stabile Flammen der Einzelbrenner,
- Stellmöglichkeiten zur Anpassung der Brenner an unterschiedliche Einsatzkohlen,
- einen guten Abbrand im Brennernahbereich sowie
- ein gutes Teillastverhalten bei reinem Kohlebetrieb.

In Tangentialfeuerungssystemen werden üblicherweise Strahlbrenner eingesetzt. Die Brenner sind dabei entweder in den Ecken oder mit einem bestimmten Anstellwinkel auf den Feuerraumwänden angeordnet. Der Anstellwinkel ist dabei so gewählt, dass die Flammen der Brenner auf einen Tangentialkreis ausgerichtet sind und eine Tangentialströmung im Feuerraum erzeugen.

Die Vorteile dieses Feuerungskonzeptes sind eine

- gute Mischung der Rauchgase im Feuerraum und eine
- gleichmäßige Temperaturverteilung über der Feuerraumhöhe.

Bei Braunkohlekraftwerken kommt ausschließlich das Konzept der Tangentialfeuerung zum Einsatz.

Eine Besonderheit der Feuerungsbauarten stellt die Allwandfeuerung in Kombination mit Drallbrennern dar (s. Abbildung 4, Nr. 6), die im HKW2 am Kraftwerksstandort Altbach/Deizisau realisiert wurde [30]. Dieses Konzept verbindet die Vorteile von Drallbrennern mit den Vorteilen einer Tangentialfeuerung [29], [31].

Im Weiteren werden ausschließlich direkt befeuerte und trocken entaschte Kohlenstaubfeuerungen betrachtet.

2.2. Brennstoffaufbereitung und Förderung zu den Brennern

Der in Kohlekraftwerken eingesetzte Brennstoff wird üblicherweise grob zerkleinert (Korngröße 20-50 mm) angeliefert und muss vor dem Einsatz in einer Staubfeuerung in der Mahlanlage fein gemahlen und getrocknet werden. Anschließend wird die so aufbereitete Kohle zu den Brennern gefördert und in den Feuerraum eingeblasen.

Für die Brennstoffaufbereitung werden hauptsächlich zwei unterschiedliche Mühlentypen verwendet. Walzenschüsselmühlen werden überwiegend in Steinkohlekraftwerken eingesetzt, während in Braunkohlekraftwerken meistens Schlagradmühlen zum Einsatz kommen.

2.2.1. Walzenschüsselmühle

Die Brennstoffaufgabe erfolgt über ein zentral angeordnetes Kohlefallrohr (s. Abbildung 5). Das Mahlgut fällt auf die rotierende Mahlschüssel und wird durch die Zentrifugalkraft nach außen bewegt. Zwischen Mahlpendel und Mahlschüssel baut sich ein Mahlbett aus Kohle auf. Die Kraft, mit der die Mahlpendel auf das Kohlemahlbett gepresst werden, kann bei modernen Mühlen hydraulisch verändert werden. Damit lässt sich die Mahlkraft an die Mahlbarkeit der Kohle anpassen. Die Mahlbarkeit einer Kohle bezeichnet den mechanischen Aufwand, der aufgebracht werden muss, um die Kohle zu zerkleinern und wird als Hardgrove-Index angegeben. Der gemahlene Kohlenstaub wird von der Primärluft getrocknet und in Strömungsrichtung mitgerissen. Im Sichter werden grobe Partikel abgeschieden und durchlaufen den Mahlprozess erneut. Abhängig von dem Verschleißzustand der Mahlwerkzeuge, dem Hardgrove-Index der Kohle und der geforderten Mahlfeinheit stellt sich ein interner Kohlenstaubumlauf ein, der 2-3 mal so hoch sein kann wie die zugeführte Kohlemenge.

Wird bei zu großer Kohlenstaubzirkulation das Fassungsvermögen der Mühle überschritten, führt das zur Abschaltung der Mühle. Die interne Kohlenstaubzirkulation verursacht einen zusätzlichen Druckverlust der Primärluft. Der Druckverlust der Primärluft zwischen Ein- und Austritt aus der Mühle ist daher ein Maß für den internen Kohlenstaubumlauf und dient der Überwachung des Mühlenbetriebes. Steigt der Druckverlust über die Mühle an, kann zur Entlastung der Mühle die Kohlezufuhr reduziert oder bei Drehsichtern die Sichterdrehzahl zurückgenommen und so die Mahlfeinheit reduziert werden [67].

Abhängig vom Feuerungskonzept kann eine Mühle einen oder mehrere Brenner versorgen. Werden von einer Mühle mehrere Brenner versorgt, muss der Kohlenstaubstrom auf die entsprechende Anzahl an Brennern aufgeteilt werden. Die Aufteilung kann entweder unmittelbar nach dem Sichteraustritt durch eine entsprechende Anzahl an Staubleitungsabgängen oder anschließend in Zwangsverteilern erfolgen. Eine Aufteilung des Kohlenstaubes direkt am Sichteraustritt ermöglicht im Allgemeinen eine gleichmäßigere

Aufteilung des Kohlenstaubes auf die einzelnen Kohlenstaubleitungen als die Hintereinanderschaltung mehrerer Zwangsverteilerstufen [32].

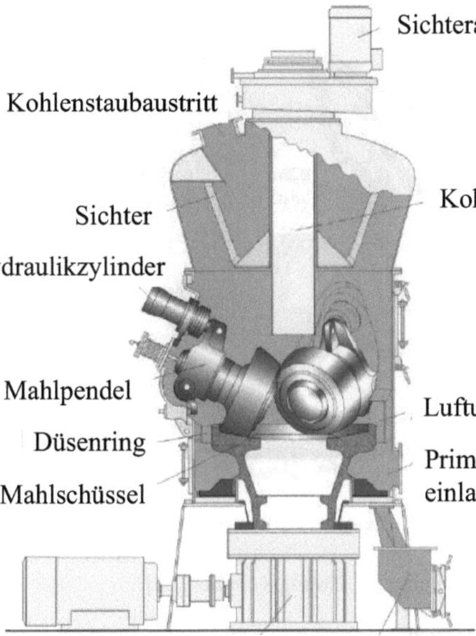

Abbildung 5: Aufbau einer Walzenschüsselmühle [57]

2.2.2. Zwangsverteiler

In Abbildung 6 ist eine Zwangsverteilerstufe dargestellt. Der von unten einströmende Kohlenstaubstrom trifft auf ein Register, dessen Ausgänge abwechselnd zur einen oder anderen Leitung hin offen sind. Tritt der Kohlenstaubstrom gleichmäßig verteilt über den Eintrittsquerschnitt in das Register ein, erfolgt eine gleichmäßige Aufteilung des Kohlenstaubstromes auf die anschließenden Leitungen.

Beim Eintritt von Kohlenstaubsträhnen in den Zwangsverteiler kann es zu Ungleichverteilungen des Kohlenstaubes in den anschließenden Staubleitungen kommen. Zum Erreichen einer besseren Kohlenstaubverteilung über den Eintrittsquerschnitt können Blenden oder Hindernisse vor den Verteilerstufen eingesetzt werden, um vorhandene Kohlenstaubsträhnen aufzulösen. Solche Einbauten in den Kohlenstaubleitungen erhöhen allerdings den Druckverlust und unterliegen einem starken Verschleiß.

Abbildung 6: Zwangsverteiler [12]

2.3. Kohlenstaubbrenner

Die Brenner einer Staubfeuerung fördern den Brennstoff und die Verbrennungsluft in den Feuerraum. Abhängig von der Bauart wird die Verbrennungsluft über mehrere Öffnungen am Brenner in den Feuerraum eingeblasen. Die Brennergeometrie sowie die Anordnung und Ausführung der Verbrennungsluftzugabe haben wesentlichen Einfluss auf die Flammenform, die Zündung der Kohle und die NO_x-Bildung [65].

Eine Einteilung der Kohlenstaubbrenner erfolgt praktisch ausschließlich in Strahl- und Drallbrenner, wobei in dieser Arbeit nur letztere näher behandelt werden.

2.3.1. Prinzip der primären NO_x-Minderung bei Stufenmischbrennern

Abbildung 7 zeigt das Prinzip einer gestuften Verbrennungsluftzugabe zur Minderung der primären NO_x-Bildung am Beispiel eines Drallbrenners [12].

Die Sekundärluft ist aufgeteilt in Mantel- und Stufenluft. Der Mantelluft wird durch Drallschaufeln im Luftkanal ein Drall aufgeprägt, dieser sorgt für eine schnellere Mischung zwischen Brennstoff und Verbrennungsluft und damit für eine stabile Zündung. In der sauerstoffarmen Atmosphäre der Primärflamme kann eine Umwandlung der Stickstoffverbindungen in N_2 ohne Oxidation des Stickstoffes zu NO_x erfolgen. Die verzögerte Zugabe und Einmischung der unverdrallten Stufenluft sorgt für eine langsame Verbrennung in einer sauerstoffarmen Atmosphäre [34], [54].

2.3.2. Moderne Rundbrenner/Drallbrenner – LNB (Low-NO_x-Burner)

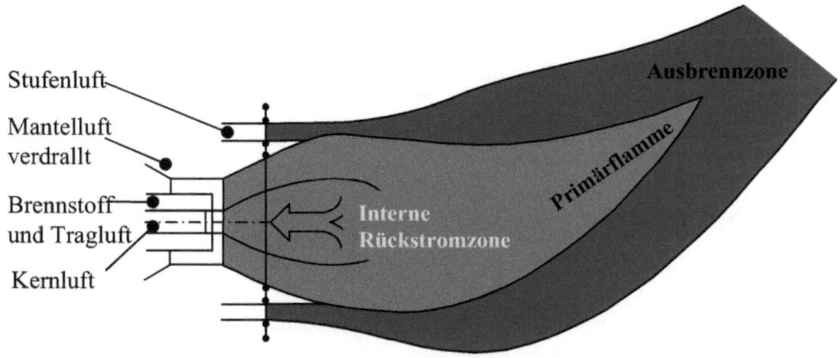

Abbildung 7: Primäre NO_x-Minderung durch gestufte Verbrennungsluftzugabe am Brenner

Bei der Low-NO_x-Burner Technologie wird die Verbrennungsluft gestuft zugegeben, so dass sich in der Flamme Bereiche unterschiedlicher Luftzahl einstellen. Die wesentliche Einflussgröße für eine hohe NO_x-Minderung ist eine möglichst geringe Primärluftzahl von λ=0,4 bis λ=0,6 bei einer Gesamtluftzahl am Brenner von λ=0,7 bis λ=0,9 bei Feuerungen mit einer Feuerraumluftstufung und 1,10-1,20 ohne Feuerraumluftstufung. Gleichzeitig muss auch eine stabile Zündung und eine ausreichend intensive Pyrolyse am Brenner gewährleistet sein [64], [65]. Dies erfordert eine gleichmäßige Kohlenstaubverteilung im Primärrohr und ausreichend lange Verweildauer im Bereich hoher Flammentemperaturen. Zur Vergleichmäßigung des Kohlenstaubes können Strähnenbrecher an der Umlenkung vor Eintritt in das Primärrohr eingebaut werden. Beim SM IV-Brenner wird durch eine konische Erweiterung des Primärrohres am Austritt und einen Zahnkranz die Geschwindigkeit vermindert und so eine stabile Zündung ausgebildet [30]. Moderne Low-NO_x-Brenner (s. Abbildung 8) erreichen mit ausgewählten Kohlen NO_x-Emissionen von 200-300 mg/m^3 [12].

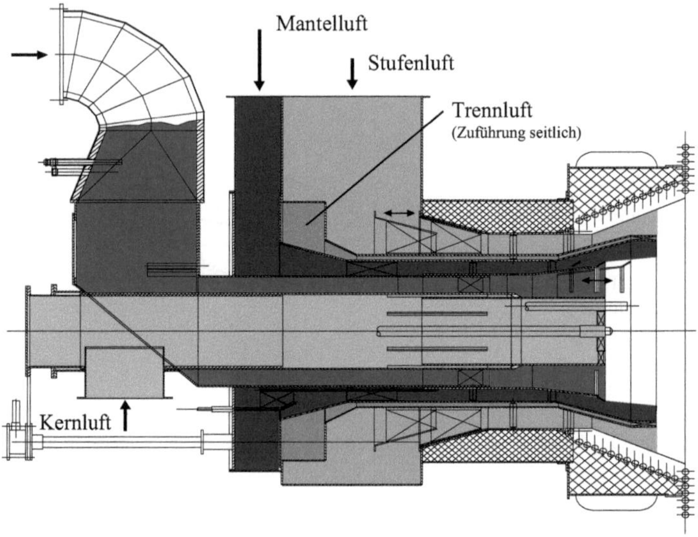

Abbildung 8: Stufenmischbrenner Typ SM IV [30]

2.4. Emissionen

Die Verbrennung von Kohle führt neben der Wärmefreisetzung zu festen und gasförmigen Verbrennungsrückständen. Die festen Verbrennungsrückstände der mineralischen Bestandteile der Kohle werden größtenteils als Flugasche (ca. 90 %) mit dem Rauchgasstrom aus der Feuerung ausgetragen, der Rest fällt als so genannte Kesselasche an und wird im Aschetrichter abgezogen. Die Flugasche wird über Elektro- oder Tuchfilter aus dem Rauchgasstrom abgeschieden und größtenteils in der Beton- und Zementindustrie als Zuschlagstoff eingesetzt. Voraussetzung dafür ist die Einhaltung von Qualitätsmerkmalen wie dem Glühverlust [1].

Das Rauchgas am Feuerraumende besteht im Wesentlichen aus Stickstoff (N_2), Kohlendioxid (CO_2), Kohlenmonoxid (CO), Wasserdampf (H_2O), Schwefeldioxid (SO_2) und Sauerstoff (O_2) sowie Stickoxiden (NO_x). Die klassischen Schadstoffe sind NO_x, SO_2, CO und Staub.

[1] Der nach EN 196-2 bestimmte Glühverlust (GV) von Flugasche darf bei einer Glühzeit von 1 h höchstens 5 % betragen

2.4.1. SO_2-Bildung und Rauchgasentschwefelung

Die SO_2-Konzentration im Rauchgas wird durch den Schwefelgehalt der Kohle bestimmt. Bei Steinkohlen liegt der Schwefelgehalt unter 2 %. Der in der Kohle enthaltene Schwefel wird bei der Kohleverbrennung größtenteils zu SO_2 umgesetzt. Üblicherweise wird das SO_2 in nachgeschalteten Rauchgasentschwefelungsanlagen (REA) abgeschieden.

2.4.2. NO_x-Bildungsmechanismen und Minderungsmaßnahmen

Stickstoffoxide (NO_x) entstehen während der Verbrennung bei hohen Temperaturen aus dem im Brennstoff gebundenem Stickstoff und dem Stickstoff der Verbrennungsluft [71]. Unter dem Begriff Stickstoffoxide (NO_x) sind die Komponenten Stickstoffmonoxid (NO) und Stickstoffdioxid (NO_2) zusammengefasst. In der Flamme wird bei hohen Temperaturen zunächst überwiegend NO gebildet, das im weiteren Verlauf bei Temperaturen unterhalb von 600 °C und in der Atmosphäre zu NO_2 oxidiert wird [25].

Die NO_x-Bildung kann bei der Verbrennung über folgende drei Mechanismen ablaufen:

- Thermische NO_x-Bildung,
- Prompte NO_x-Bildung und
- NO_x-Bildung aus dem Brennstoffstickstoff.

Bei der thermischen NO-Bildung werden bei hohen Temperaturen Sauerstoffmoleküle gespalten. Mit dem molekularen Luftstickstoff reagieren die Sauerstoffatome zu NO. Diese Reaktion läuft nach dem so genannten Zeldovich-Mechanismus [71] ab und beginnt bei ca. 1300 °C. Die NO-Bildungsrate steigt exponentiell mit der Temperatur an (s. Abbildung 9). Die Prompte NO-Bildung nach Fenimore erfolgt in der brennstoffreichen Flammenfront. Molekularer Stickstoff wird dabei durch Kohlenwasserstoffe über Zwischenprodukte zu NO umgewandelt [13]. Bei der Kohleverbrennung spielt die Prompte NO-Bildung eine untergeordnete Rolle.

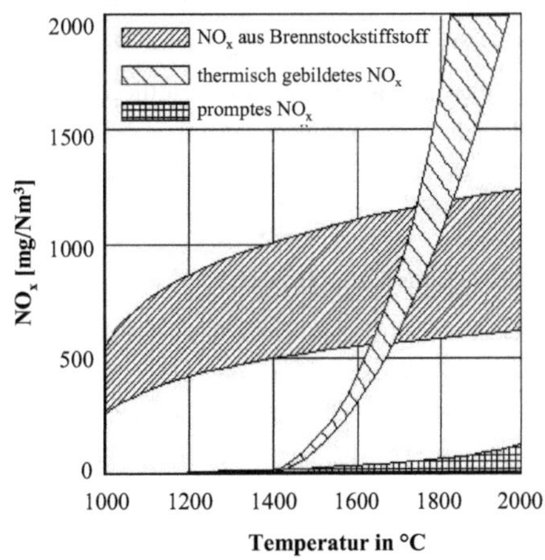

Abbildung 9: NO_x-Bildungsmechanismen in Abhängigkeit von der Temperatur [69]

Der größte Anteil des NO_x (60-80 %) stammt aus dem im Brennstoff enthaltenen Stickstoff. Im Unterschied zum thermischen NO_x aus Luftstickstoff beginnt die Umwandlung des Brennstoffstickstoffes schon bei tieferen

Temperaturen [72], [62]. Die Menge des so gebildeten NO_x ist abhängig von der Luftzahl, dem Temperaturverlauf und dem Stickstoffgehalt im Brennstoff. Anders als beim SO_2 kann die NO_x-Bildung durch feuerungstechnische Maßnahmen wesentlich beeinflusst werden.

Zur Einhaltung der NO_x-Grenzwerte (s. Tabelle 1) wird in Kohlenstaubfeuerungen als feuerungsseitige Primärmaßnahme die Luftstufung angewendet [62]. Dieses Prinzip basiert auf der Schaffung einer unterstöchiometrischen primären Verbrennungszone, in der weniger Sauerstoff zur Verfügung steht, als für den vollständigen Brennstoffumsatz erforderlich ist. Der Luftmangel im Bereich der Primärflamme begrenzt die NO-Bildung. Gleichzeitig wird in der brennstoffreichen Primärflamme bereits gebildetes NO wieder reduziert.

Nach dem gleichen Prinzip funktioniert die Brennstoffstufung zur primären NO_x-Minderung [72].

Die unverbrannten brennbaren Bestandteile des Brennstoffes werden in einer anschließenden überstöchiometrischen Ausbrandzone nahezu vollständig umgesetzt. Der Ausbrand erfolgt dabei in einem Temperaturbereich unterhalb der für die Bildung von thermischem NO relevanten Temperatur [71]. Die Luftstufung erfolgt sowohl am Brenner (Low-NO_x-Burner) als auch über den gesamten Feuerraum.

Sind die primärseitig ergriffenen Maßnahmen zur NO_x-Minderung nicht ausreichend, um die gesetzlichen Grenzwerte einzuhalten, stehen nachgeschaltete Rauchgasreinigungsverfahren zur Verfügung. Das katalytische (SCR) [17], [21] bzw. nichtkatalytische (SNCR) [62] Verfahren beruht auf der Reduktion des gebildeten NO_x mit Hilfe eines Reduktionsmittels wie beispielsweise Ammoniak oder Harnstoff.

Für einen effizienten und wirtschaftlichen Betrieb sollten die primärseitigen Maßnahmen vollständig ausgeschöpft werden, um den Einsatz der erforderlichen Reduktionsmittel beim SCR- bzw. SNCR-Verfahren möglichst gering zu halten.

2.4.3. Emissionsgrenzwerte

In Deutschland sind die zulässigen Emissionsgrenzwerte für kohlegefeuerte Kraftwerke mit einer thermischen Leistung größer 50 MW_{th} in der Großfeuerungsanlagenverordnung 13. BImSchV geregelt. Tabelle 1 zeigt die Rauchgasspezies und die zulässigen Grenzwerte gemäß der 13. BImSchV. Die aufgeführten Grenzwerte gelten für Anlagen mit einer thermischen Leistung über 300 MW_{th}.

Tabelle 1 Grenzwerte von Rauchgasspezies gemäß 13. BImSchV[2], für Anlagen mit einer Feuerungswärmeleistung > 300 MW_{th}

Parameter	Einheit	Wert
Bezugssauerstoff	Vol.-%,tr.	6
Staub	mg/m³,i.N., tr.	20
SO_2	mg/m³,i.N., tr.	200
NO_x als NO_2	mg/m³,i.N., tr.	200
CO	mg/m³,i.N., tr.	200
Hg	mg/m³,i.N., tr.	0,03
Dioxine und Furane	ng/m³,i.N., tr.	0,1

2.5. Korrosion

Als Korrosion bei Metallen wird der chemische Vorgang bezeichnet, bei dem die metallische Gitterstruktur aufgelöst und in eine ionische Bindungsform überführt wird. Die ionische Bindungsform ist, abgesehen von den Edelmetallen, die stabile Bindungsform der Metalle. Korrosion beschreibt damit den Übergang eines instabilen Zustandes in einen stabilen Gleichgewichtszustand. Sind die erforderlichen Reaktionspartner vorhanden, so findet Korrosion grundsätzlich statt.

Im Weiteren wird ausschließlich die so genannte Hochtemperaturkorrosion (HTK) betrachtet. Als Hochtemperaturkorrosion im Kraftwerk werden die an der rauchgasseitigen Oberfläche von Verdampfer- und Überhitzerrohren bei höheren Temperaturen stattfindenden Korrosionsvorgänge bezeichnet. Aufgrund von Randbedingungen, die nur im Feuerraum erfüllt sind, wird diese Korrosion auch als Feuerraumkorrosion bezeichnet. Die Reaktionsprozesse der Feuerraumkorrosion laufen im Temperaturbereich zwischen 300 °C und 600 °C ab [58].

2.5.1. Voraussetzungen für das Auftreten von Feuerraumkorrosion

Die für die Korrosion benötigten Elemente werden mit dem Brennstoff und der Verbrennungsluft in den Feuerraum eingetragen. In erster Linie sind das Sauerstoff, Chlor und Schwefel.

[2] Dreizehnte Verordnung zur Durchführung des Bundes-Immissionsschutzgesetzes (13. BImSchV) – Verordnung über Großfeuerungs- und Gasturbinenanlagen, vom 20. Juli 2004 (BGBl. Nr. 37, Teil I vom 23.07.2004 S. 1717)

Bei der Verbrennung werden die im Brennstoff enthaltenen Elemente und Verbindungen teilweise in die Gasphase freigesetzt. Dabei können weitere korrosive Verbindungen entstehen, deren Zusammensetzung und Konzentration im Rauchgas im Wesentlichen von der Brennstoffbeschaffenheit abhängen, d.h. die Entstehung möglicher korrosiver Verbindungen wird durch den eingesetzten Brennstoff mitbestimmt. Damit es zu einer Reaktion mit der Oberfläche der Verdampferrohre kommen kann, müssen die korrosiven Verbindungen an die Feuerraumwand gelangen, oder die Bildung der korrosiven Verbindungen erfolgt direkt an der Rohroberfläche.

Der Deckschichtaufbau beeinflusst maßgeblich die Reaktionsgeschwindigkeit an der Werkstoffoberfläche. Eine fest anhaftende, geschlossene Deckschicht mit geringer Durchlässigkeit für korrosive Medien stellt somit eine Diffusionsbarriere dar und erfüllt die Funktion einer Schutzschicht. Diese Vorgabe wird von einer geschlossenen Oxidschicht weitgehend erfüllt [19], [26].

2.5.2. Feuerungstechnische Maßnahmen zur Vermeidung von Feuerraumkorrosion

Eine geschlossene Eisenoxidschicht (Hämatit) stellt aufgrund der geringen Fehlstellen im Hämatit eine gute Diffusionsbarriere für auftretende korrosive Gase dar. Damit sich eine geschlossene Oxidschicht bilden kann, ist eine oxidierende Atmosphäre an den Feuerraumwänden erforderlich. Das ist insbesondere bei neuen bzw. abgereinigten und damit blanken Metalloberflächen wichtig, da in diesem Zustand noch keine Schutzschicht besteht. Werden blanke Feuerraumwände einer reduzierenden Atmosphäre ausgesetzt, kann das insbesondere bei Vorhandensein von Chlor bzw. Schwefel zu einem ungehinderten korrosiven Angriff auf den Werkstoff führen. In Verbindung mit hohen Wandtemperaturen besteht die Gefahr einer beschleunigten Zerstörung des Werkstoffes.

Aus feuerungstechnischer Sicht ergeben sich daher folgende Anforderungen:

- Sicherstellung einer ausreichenden Sauerstoffkonzentration im wandnahen Bereich,
- Vermeidung überhöhter Wärmebelastungen und
- Vermeidung eines direkten Kontakts zwischen Flamme und Verdampferwand.

2.5.3. In der Vergangenheit aufgetretene Korrosionsschäden an Verdampfern von Großkraftwerken

a) Heizkraftwerk 1 (HKW 1) in Altbach/Deizisau

Beim HKW 1 handelt es sich um eine mit Steinkohle befeuerte Gegenfeuerung und einer elektrischen Leistung von 500 MW_{el}. Die Feuerung ist mit 32 Brennern ausgerüstet, die auf vier Brennerebenen zu je acht Brennern angeordnet sind.

Im Dezember 1990 kam es aufgrund erhöhter, korrosionsbedingter Materialabzehrung zum Verdampferschaden. Dabei wurden großflächige Materialabzehrungen an der linken und rechten Seitenwand im Bereich auf der Höhe des Aschetrichters und der untersten Brennerebene festgestellt.

Die Begutachtung ergab als Schadensursache Hochtemperaturkorrosion unter Einfluss von Chlor und Schwefel. Ursächlich verantwortlich für die aufgetretene Korrosion waren reduzierende Bedingungen im Bereich der aufgetretenen Materialabzehrung. Die reduzierenden Bedingungen ermöglichten den korrosiven Angriff von Chlor und Schwefel [69].

Als Maßnahme zur Vermeidung weiterer Korrosionsschäden wurde die Verbrennungsluftmenge auf der unteren Brennerebene erhöht und gleichzeitig der Stufenluftanteil angehoben, um höhere Sauerstoffkonzentrationen in diesem Bereich der Feuerraumwände zu erreichen. Zur Kontrolle der Wirksamkeit dieser Maßnahmen wurde die Anzahl der Wandmessstellen erhöht und regelmäßig Wandatmosphärenmessungen durchgeführt. Während Revisionen werden die hinsichtlich Korrosion betroffenen Bereiche regelmäßig Wanddickenmessungen unterzogen.

b) Kraftwerk Bexbach

Das Kraftwerk Bexbach mit einer elektrischen Leistung von 750 MW_{el} ist als Tangentialfeuerung mit vier Brennerebenen ausgeführt, die jeweils von einer Mühle versorgt werden. Die Anlage wurde zu dieser Zeit ausschließlich mit Saar-Steinkohle betrieben, die einen vergleichsweise hohen Chlorgehalt (ca. 0,5 % Chlor, wf) aufweist. Im September 1999 trat im Bereich unterhalb der ersten Brennerebene ein Verdampferschaden auf.

Die Schadensanalyse ergab HTK unter Einfluss von Chlor. Auch bei diesem Schaden war letztendlich eine ungenügende Sauerstoffkonzentration im Bereich der aufgetretenen Schäden verantwortlich für das Auftreten von HTK durch Chloreinwirkung. In Proben der Rohroberfläche wurden sehr hohe Chlorkonzentrationen von bis zu 30 % nachgewiesen.

Die reduzierende Wandatmosphäre wurde zum Teil auf eine nicht zentrierte Lage des Tangentialkreises zurückgeführt. Ursächlich für die außermittige Lage des Tangentialkreises war eine erhebliche Kohlenstaubungleichverteilung auf die einzelnen Brenner.

Zur Verbesserung der Wandatmosphäre wurde die Luftaufteilung am Brenner verändert. Weiterhin wurde die Kohlenstaubverteilung optimiert und eine gleichmäßigere Verteilung des Kohlenstaubes erreicht [9].

c) Schäden in Braunkohle befeuerten Kraftwerken

Abweichend von den Erfahrungen bei Steinkohlekraftwerken wurde in der Vergangenheit für Braunkohleanlagen kein Risikopotential im Hinblick auf Feuerraumkorrosion gesehen. Im Jahr 2004 wurden bei Befundungen von unterschiedlichen Feuerungen im Kraftwerk Jänschwalde ungewöhnlich gefärbte Ablagerungen sowie ein teilweiser Angriff des Grundwerkstoffes festgestellt. Daraufhin wurden alle Feuerungen der Vattenfall Europe Generation (VE-G) diesbezüglich untersucht [10]. Teilweise konnten dabei erhebliche Materialabzehrungen festgestellt werden. Dieser Umstand war bei Braunkohlekraftwerken bis dahin unbekannt.

Die Untersuchung der Wandatmosphäre ergab eine zu geringe Sauerstoffkonzentration im Bereich der Feuerraumwände, um stabile Oxidschichten aufzubauen und zu erhalten. Hervorgerufen wurde die reduzierende Wandatmosphäre in erster Linie durch die Luftstufung und die Absenkung der Luftzahl am Brenner zur primären Stickoxidreduktion. Insbesondere bei schwefelreichen Kohlen führen reduzierende Bedingungen gleichzeitig zur vermehrten Bildung von H_2S und damit zur HTK über Schwefelverbindungen [59].

Prinzipiell ist, wie bei den Erfahrungen mit den Steinkohlekraftwerken, die Sauerstoffkonzentration im Bereich der Feuerraumwände zu erhöhen. Das konnte an verschiedenen Anlagen durch eine Änderung der Luftverhältnisse am Brenner und den Einbau zusätzlicher Seitenwandluftdüsen erreicht werden.

Die verschiedenen Korrosionsreaktionen haben unterschiedlich hohe Reaktionsgeschwindigkeiten. Hohe Reaktionsgeschwindigkeiten bei Material abzehrenden Korrosionsvorgängen führen zu einer schnellen Zerstörung des Werkstoffes. Ziel ist es daher, Bedingungen, die diese Form der Korrosion ermöglichen oder begünstigen, zu vermeiden.

Im Weiteren sollen ausschließlich die Korrosionsmechanismen betrachtet werden, die auf der Rauchgasseite im Bereich des Feuerraumes auftreten und Materialabzehrungen an Verdampferrohren verursachen können.

2.5.4. Korrosion durch Oxidation

Da für die Verdampferrohre üblicherweise niedrig legierte Werkstoffe eingesetzt werden, bilden sich in oxidierender Atmosphäre überwiegend Eisenoxide. Dabei können folgende Oxide gebildet werden:

$$Fe + 0{,}5\,O_2 \rightarrow FeO$$

$$3\,Fe + 2\,O_2 \rightarrow Fe_3O_4$$

$$2\,Fe + 1{,}5\,O_2 \rightarrow Fe_2O_3$$

Das Eisenoxid FeO (Wüstit) ist erst oberhalb von 500 °C stabil. Der Nachweis von Wüstit in Belägen auf Verdampferrohren ist daher ein Indiz für eine überhöhte Werkstofftemperatur [47].

Bei einer blanken Metalloberfläche bilden sich zunächst Metalloxidkeime. Unterhalb von 500 °C werden überwiegend Magnetitkeime (Fe_3O_4) gebildet. Die Bildung von Hämatitkeimen (Fe_2O_3) erfolgt langsamer. Daher wird ausgehend von diesen Keimen zunächst die Werkstoffoberfläche mit einer Magnetitschicht überzogen, auf der sich dann eine Hämatitschicht ausbilden kann [19].

2.5.5. Hochtemperaturkorrosion durch Chlorverbindungen

Bei der Verbrennung kann im Brennstoff gebundenes Chlor im Feuerraum als Chlor (Cl_2) und Chlorwasserstoff (HCl) freigesetzt werden. Im Kontakt mit der Werkstoffoberfläche kann es zum direkten Korrosionsangriff kommen. Beim direkten korrosiven Angriff findet eine Umwandlung des metallischen Werkstoffes in Metallchloride statt.

Korrosionsreaktionen mit dem Werkstoff:

$$Fe + 2\,HCl \rightarrow FeCl_2 + H_2$$

$$Fe + Cl_2 \rightarrow FeCl_2$$

Die Bildung von Metallchloriden kann sowohl direkt als auch über Zwischenreaktionen erfolgen.

Eigenschaften der Metallchloride

Metallchloride besitzen im Unterschied zu den Metalloxiden im Temperaturbereich zwischen 300 °C und 600 °C hohe Dampfdrücke. Das führt dazu, dass an der Werkstoffoberfläche gebildete Metallchloride (Eisen und Chrom) vom festen in den gasförmigen Zustand übergehen und so direkt zur Materialabzehrung (Wanddickenabnahme) führen. Der Dampfdruck der Metallchloride nimmt mit der Werkstofftemperatur zu. Hohe Temperaturen führen somit zu einer erhöhten Materialabzehrung.

2.5.6. Hochtemperaturkorrosion durch Schwefelverbindungen

Schwefelverbindungen reagieren ähnlich wie Chlorverbindungen direkt oder über Nebenreaktionen mit dem metallischen Werkstoff. Hauptverursacher der Schwefelkorrosion ist der Schwefelwasserstoff (H_2S). H_2S ist nur unter reduzierenden Bedingungen beständig, unter Einwirkung von Sauerstoff bildet sich SO_2 und H_2O.

H_2S reagiert mit metallischen Werkstoffen bzw. den zugehörigen Oxiden zu Metallsulfiden. Metallsulfide bilden auf der Werkstoffoberfläche eine Schutzschicht, die aber im Vergleich zum Belag aus Metalloxiden eine offenporigere Struktur aufweist und nicht so gut auf der Werkstoffoberfläche haftet. Bildet sich eine Eisensulfidschicht unter einer Eisenoxidschicht, kann das zum Abplatzen der schützenden Eisenoxidschicht führen.

Folgende Korrosionsreaktionen sind für Feuerraumkorrosion von Bedeutung:

$Fe + H_2S \rightarrow FeS + H_2$

$Fe_2O_3 + 2\ H_2S + C \rightarrow 2\ FeS + 2\ H_2O + CO$

Aufgrund der höheren Fehlstellenkonzentration in den Sulfiden ist das Wachstum der sulfidischen Belagsschichten sehr viel schneller als das der oxidischen Schichten [36]. Insbesondere bei hohen Temperaturen in Verbindung mit einer reduzierenden Atmosphäre kann das zur schnellen Zerstörung des Werkstoffes führen.

2.5.7. Hochtemperaturkorrosion unter Ablagerungen und Belägen

Sind die rauchgasbeaufschlagten Bauteile zusätzlich mit Ablagerungen bedeckt, ist häufig eine erhöhte Korrosion und daraus resultierende Schäden festzustellen. Dafür gibt es im Wesentlichen zwei Gründe. Zum einen kann es aufgrund von Reaktionen zwischen dem Rauchgas und Ablagerungskomponenten zu einer Änderung der Gaszusammensetzung und zur Ausbildung eines Mikroklimas zwischen Verdampferrohr und Belag kommen [36]. Bei Reaktionen im oder an der Oberfläche des Belages, die Sauerstoff verbrauchen, kann an der Grenzschicht zwischen Werkstoff und Ablagerung eine reduzierende Atmosphäre entstehen, die wiederum Ausgangspunkt eines korrosiven Angriffes sein kann.

Weiterhin kann es durch Schmelzen von Ablagerungskomponenten zu einem Schmelzangriff auf die oxidischen Schutzschichten und den darunter liegenden Werkstoff kommen.

Generell gilt die Empfehlung, nach dem Feststellen von Ablagerungen im Feuerraum und nach deren Abreinigung die Rohre auf korrosive Angriffe zu untersuchen.

2.6. Wandatmosphäre – Rauchgaszusammensetzung an der Oberfläche der Verdampferrohre

Die Rauchgaszusammensetzung an der Oberfläche der Verdampferrohre hängt in erster Linie von den bei der Verbrennung ablaufenden chemischen Reaktionen und damit von den beteiligten Reaktionspartnern ab. Die an der Verbrennungsreaktion beteiligten Elemente und chemischen Verbindungen werden von der Verbrennungsluft und der eingesetzten Kohle in den Feuerraum eingetragen. Während die Zusammensetzung der Verbrennungsluft bekannt und konstant ist, unterliegt der Brennstoff Kohle häufig Schwankungen in der Zusammensetzung. Schwankungen der Kohlezusammensetzung bzw. der Kohlequalität wirken sich auf die Rauchgaszusammensetzung aus und haben damit direkten Einfluss auf die an den Feuerraumwänden ablaufenden Korrosionsreaktionen. Im Weiteren ist zu betrachten, ob und in welcher Konzentration die gebildeten korrosiven Rauchgasbestandteile an die Feuerraumwand transportiert werden. Dafür sind die in der Brennkammer ausgebildeten Strömungsverhältnisse von entscheidender Bedeutung.

Im Folgenden werden mögliche Parameter betrachtet, die sich auf die Zusammensetzung der Wandatmosphäre auswirken können.

2.6.1. Einfluss der Kohlebeschaffenheit auf die Zusammensetzung der Wandatmosphäre

Mit der Kohle wird eine Vielzahl organischer und anorganischer Verbindungen in den Feuerraum transportiert. Bei der Verbrennung können dabei korrosive Verbindungen entstehen, die in die Gasphase übergehen und abhängig von den Strömungsverhältnissen an die Feuerraumwände gelangen. Die Zusammensetzung der Kohle ist ausschlaggebend dafür, welche Korrosionsmechanismen auftreten können.

Insbesondere die in der Kohle enthaltenen Anteile an Chlor- und Schwefelverbindungen sind entscheidend für das Auftreten von Feuerraumkorrosion. In Braunkohlen ist nur wenig Chlor enthalten. Die in der Vergangenheit in Braunkohlefeuerungen aufgetretenen Korrosionsschäden wurden durch HTK unter Schwefeleinwirkung verursacht. Bei Steinkohlefeuerungen sind im Feuerraum sowohl Korrosionsschäden durch Schwefel- als auch durch Chlorkorrosion aufgetreten.

Eine Beurteilung der Korrosionsneigung von Kohlen anhand der Schwefel- und Chlorgehalte ist in bestimmten Grenzen zwar möglich, eine gezielte Auswahl der Einsatzkohlen anhand der abgeschätzten Korrosionsneigung findet aber üblicherweise nicht statt. Vielmehr entscheiden der Preis und vor allem die Verfügbarkeit, welche Kohle letztendlich eingesetzt wird. Ziel muss es daher sein, Feuerungseinstellungen zu erarbeiten, die unabhängig von der eingesetzten Kohle eine ausreichende Sauerstoffkonzentration an den Feuerraumwänden garantieren.

2.6.2. Einfluss der Mahlfeinheit der Kohle auf die Zusammensetzung der Wandatmosphäre

Die Zerkleinerung der Kohle während des Mahlvorganges in der Mühle dient der Vergrößerung der spezifischen Oberfläche. Dies beschleunigt die Restwasserverdampfung, die Pyrolyse sowie den Koksabbrand und ist somit auch Voraussetzung für eine stabile Zündung. Die Feinheit der gemahlenen Kohle bzw. die Korngrößenverteilung haben einen erheblichen Einfluss auf das Zündverhalten und die Abbrandgeschwindigkeit der Kohlepartikel. Feinere Kohlepartikel verbrennen größtenteils im Brennernahbereich, größere Partikel benötigen aufgrund der höheren Brenndauer einen längeren Ausbrandweg. Bei grober Ausmahlung und zu geringem Ausbrandweg reicht die Verweilzeit nicht aus um einen vollständigen Ausbrand der Kohle zu erreichen. Abhängig vom zur Verfügung stehenden Ausbrandweg wird die Mahlfeinheit so eingestellt, dass ein möglichst vollständiger Ausbrand und damit ein geringer Glühverlust erreicht werden. Letzterer ist eine Rückstandseigenschaft, die für dessen Verwertung bedeutend ist.

Abhängig von der Brennstoffzusammensetzung und dem Flüchtigengehalt der Kohle kann die erforderliche Ausmahlung variieren. Als grobe Faustregel für die Einhaltung der Glühverlustwerte gilt dabei, dass der Siebrückstand auf dem 90-µm-Sieb dem Anteil der Flüchtigen entsprechen sollte. Niederflüchtige Kohlen benötigen für einen vergleichbaren Ausbrand eine feinere Ausmahlung als hochflüchtige Kohlen [18].

Die Ausmahlung und der Flüchtigengehalt der Kohle und damit die chemischen und physikalischen Eigenschaften haben auch Auswirkungen auf die sich ausbildende Flammenform und deren räumliche Ausdehnung. Bei einem hohen Feinanteil wird sich eine kürzere und kompaktere Flamme ergeben und umgekehrt. Im Extremfall kann es bei einer größeren räumlichen Ausdehnung der Flamme zur Berührung mit der Feuerraumwand kommen und so zu einer erhöhten Korrosion in diesem Bereich der Feuerraumwand führen.

2.6.3. Einfluss der Kohleverteilung auf die Zusammensetzung der Wandatmosphäre

Werden von einer Mühle mehrere Brenner versorgt, muss der Kohlenstaubstrom auf die Anzahl der zu versorgenden Brenner aufgeteilt werden. Ist keine kontinuierliche Kohlenstaubmengenmessung installiert, was üblicherweise der Fall ist, so entzieht sich die Qualität der Kohleaufteilung der Kenntnis des Betreibers, d.h. es wird eine Gleichverteilung der Kohle angenommen und die Verbrennungsluft wird gleichmäßig auf die Brenner der Feuerung verteilt. Eine eventuelle Ungleichverteilung der Kohle auf die Einzelbrenner bleibt unberücksichtigt. Bei einer Ungleichverteilung der Kohle führt das zu unterschiedlichen Luftverhältnissen im Nahbereich der einzelnen Brenner. Das Luftverhältnis im Brennernahbereich ist ein wesentliches Kriterium für die Bildung von primärem NO_x. Es kann sich aber ebenfalls auf die Zusammensetzung der Wandatmosphäre im Brennernahbereich auswirken. Bei einer Ungleichverteilung der Kohle auf die Einzelbrenner und einer damit verbundenen höheren bzw. geringeren durchschnittlichen Kohlenstaubbeladung einzelner Brenner werden sowohl negative Auswirkungen auf die angrenzende Wandatmosphäre als auch auf die Maßnahmen zur primärseitigen NO_x-Minderung erwartet.

Resultierende Folgen für die Feuerung

Die Brenner moderner Kohlenstaubfeuerungen werden aus Gründen der primären NO_x-Minderung im Brennernahbereich teilweise stark unterstöchiometrisch betrieben. In Tabelle 2 ist dargestellt, wie sich eine Kohleungleichverteilung auf die Feuerung auswirken kann.

Weitere mögliche Folgen für die Feuerung sind:

- Temperaturschieflagen im Feuerraum durch ungleichmäßige Brennerbelastung,
- lokal überhöhte Materialbelastungen durch Temperaturschieflagen und ein
- geringerer Brennstoffumsatz aufgrund einer schlechteren Vermischung der Verbrennungsluft mit dem Brennstoff.

Tabelle 2: Mögliche Auswirkungen einer Kohleschieflage auf die Feuerung

Kohleungleichverteilung auf zwei Brenner	Auswirkungen
Brenner mit höherer Kohlebeaufschlagung	Niedrigere Luftzahl am Brenner, dadurch - erhöhtes Korrosionspotenzial an angrenzenden Verdampferrohren - erhöhter Glühverlust
Brenner mit geringerer Kohlebeaufschlagung	Höhere Luftzahl am Brenner, dadurch höhere NO_x-Emissionen

2.6.4. Einfluss der Kohlebrenner – Betriebsweise auf die Zusammensetzung der Wandatmosphäre

Die Verbrennungsluft und der Kohlenstaub werden über die Brenner in den Feuerraum eingebracht. Abhängig von der baulichen Ausführung und der Betriebsweise der Brenner erfolgt die Einmischung der Sekundärluft in den mit Kohlenstaub beladenen Primärluftstrom im Feuerraum schneller oder langsamer. Die Mischung der Reaktionspartner Brennstoff und Verbrennungsluft beeinflusst entscheidend das Abbrandverhalten der Kohle und damit auch die sich ausbildende Flamme.

Einstellmöglichkeiten am Brenner

Die in dieser Arbeit untersuchte Anlage ist mit Drallbrennern ausgerüstet. Bei dieser Brennerbauart (s. Kapitel 2.3.2) kann durch Variation des Dralls die Flammenform beeinflusst werden. Ein hoher Drall bewirkt eine beschleunigte Vermischung von Verbrennungsluftstrom und kohlebeladenem Primärstrom. Dies führt zu einer schnelleren Zündung und zu einer kürzeren und kompakteren Flamme. Bei zu großer Flammenausdehnung senkrecht zur Flammenachse kann die Flamme die Feuerraumwand berühren und korrosiv wirkende Verbrennungsprodukte können so direkt an die Feuerraumwand transportiert werden.

Durch die Möglichkeit, sowohl den aufgeprägten Drall als auch die Impulsverhältnisse der einzelnen Verbrennungslüfte am Brenner zu variieren, lassen sich Drallbrenner an unterschiedliche Anforderungen und Brennstoffqualitäten anpassen.

2.6.5. Zusammenfassung

An einer bestehenden Anlage beschränken sich die Möglichkeiten zur Beeinflussung der Wandatmosphäre auf die Kohleaufbereitung und die Verteilung der Kohle auf die einzelnen Brenner sowie die Aufteilung und Zuführung der Verbrennungsluft.

Der Ansatz, durch eine gezielte Auswahl von Einsatzkohlen mit geringeren Chlor- oder Schwefelgehalten die Korrosion zu verhindern oder zu begrenzen, wird nicht verfolgt, da die Einsatzkohle maßgeblich vom Einkaufspreis und der Verfügbarkeit bestimmt wird.

Ziel sollte es daher sein, eine Feuerungseinstellung zu erarbeiten, die möglichst unabhängig von der eingesetzten Kohle eine ausreichende Sauerstoffkonzentration an den Feuerraumwänden sicherstellt.

Sollen Importkohlen in einem breiten Brennstoffband eingesetzt werden, ist eine regelmäßige Kontrolle der Wandatmosphäre nötig, um ggf. eine Anpassung der Feuerungseinstellungen an die eingesetzte Kohle vornehmen zu können.

3. Beschreibung der untersuchten Feuerung und der eingesetzten Messtechniken

In diesem Kapitel werden die untersuchte Feuerung und deren Besonderheiten dargestellt. Des Weiteren werden die verwendeten Messtechniken und der genutzte Messaufbau zur Messung der O_2- und CO-Konzentrationen im Bereich der Feuerraumwände beschrieben sowie die Messtechnik zur Erfassung der zugeführten Kohlenstaubmenge und der sich einstellenden Kohlenstaubverteilung auf die einer Mühle zugehörigen Einzelbrenner.

3.1. Rheinhafen-Dampfkraftwerk (RDK)

Die Analyse der Wandatmosphäre des Feuerraumes erfolgte am Block 7 des Rheinhafen-Dampfkraftwerkes der EnBW Kraftwerke AG in Karlsruhe. Die mit Steinkohle betriebene Staubfeuerung hat eine Feuerungswärmeleistung von 1258 MW_{th}.

Der Dampferzeuger ist in Turmbauweise ausgeführt. Bei der Feuerungsanlage handelt es sich um eine direkte Feuerung, die als Gegenfeuerung (s. Abbildung 4, Nr. 2) mit trockenem Ascheabzug konzipiert ist. Sie besteht aus 32 kombinierten Kohlenstaub-Ölbrennern, die in 4 übereinander liegenden Ebenen, jeweils als Doppelbrenner, untergebracht sind (s. Abbildung 10). Jeder Brennerebene ist eine Kohlemühle zugeordnet. Die Bezeichnung der einzelnen Brennerebenen erfolgt aufsteigend von unten nach oben, beginnend mit der Brennerebene 10 für die unterste Brennerebene und den darüber liegenden Brennerebenen 20, 30 und 40. Die den Brennerebenen zugeordneten Kohlemühlen sind dementsprechend ebenfalls mit 10, 20, 30 und 40 bezeichnet.

Eine Besonderheit stellt die Mittelwand dar, die den Feuerraum in zwei gleich große Hälften teilt. Durch diese zusätzliche Verdampferfläche reduziert sich die Feuerraumhöhe und ermöglicht eine kompaktere Bauweise.

Die Kohlemühlen, ausgeführt als Walzenschüsselmühlen, sind seitlich vom Kessel aufgestellt. Jede Mühle wird über zwei zugehörige Kohlebunker und Kohlezuteiler mit Kohle versorgt. Das RDK7 stellt durch die Mischung von Kohlen in der Mühle mittels zweier unabhängig voneinander steuerbarer Zuteiler eine verfahrenstechnische Besonderheit dar. Diese technische Besonderheit ermöglicht es, zwei unterschiedliche Kohlesorten in nahezu jedem beliebigen Mischungsverhältnis in die betreffenden Mühlen zu fördern. Damit kann sehr flexibel auf Schwankungen in der Brennstoffzusammensetzung reagiert werden. Den Mühlen wird die Primärluft über ein gemeinsames Mühlenluftgebläse zugeführt.

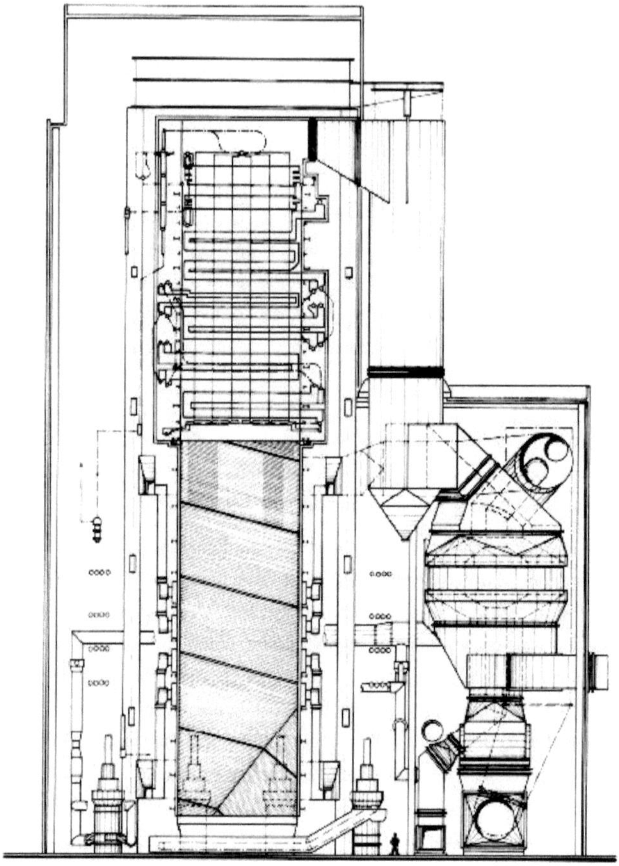

Abbildung 10: Dampferzeuger und Feuerung des Block 7 im Rheinhafen Dampfkraftwerk (RDK)

3.1.1. Brenner

Am Block 7 des RDK sind Stufenmischbrenner der ersten Generation (SM I) installiert (s. Abbildung 11). Die Schaffung einer unterstöchiometrischen Zone (s. Kapitel 2.3.1) zur primären NO_x-Minderung erfolgt bei diesem Brenner durch eine räumlich getrennte Zugabe von Mantel- und Stufenluft. Der Mantelluft wird mittels eines Drallerzeugers eine radiale Geschwindigkeitskomponente aufgeprägt. Diese Geschwindigkeitskomponente bewirkt eine Aufweitung des Drallstrahls und dadurch die Ausbildung einer Unterdruckzone im Strahlkern. Durch den Unterdruck im Strahlkern bildet sich eine innere Rezirkulationsströmung aus und führt zu einer intensiveren Mischung zwischen Brennstoff und Verbrennungsluft sowie zur

Rücksaugung heißer Rauchgase in den Primärluftstrom. Das beschleunigt die Aufheizung und Zündung des Brennstoffes. Mit zunehmender Drallstärke der am Brenner eintretenden Mantelluft wird die Mischung zwischen Brennstoff und Verbrennungsluft intensiviert, was zu einer kürzeren und kompakteren Flamme führt. Zusätzlich sind bei den Brennern der unteren drei Ebenen Leitbleche im Primärrohr angebracht, um auch dem Primärstrom einen Drall aufzuprägen. Diese nachtägliche umgesetzte Maßnahme war erforderlich, damit eine sichere Zündung beim Einsatz von niederflüchtigen Kohlen erreicht wird.

Mit der Mantelluft ergibt sich eine Luftzahl von $\lambda = 0{,}7$ bis $\lambda = 0{,}8$ am Brenner. Die Zugabe der Stufenluft erfolgt unverdrallt über vier gleichmäßig um die Brennermuffel angeordnete Düsen. Durch den Abstand zur Kernflamme ergibt sich eine verzögerte Vermischung zwischen Flamme und Stufenluft. Mit der Stufenluft ergibt sich eine Luftzahl von $\lambda = 1{,}2$ bis $\lambda = 1{,}25$. Das entspricht zugleich der Luftzahl im Feuerraum, da diese Feuerung nicht mit einer zusätzlichen Ausbrandluft (ABL) ausgerüstet ist und daher die gesamte Verbrennungsluft am Brenner zugegeben wird.

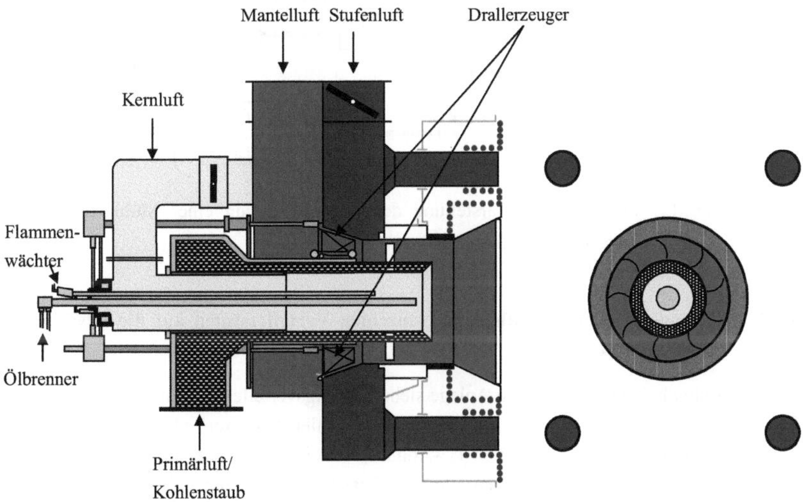

Abbildung 11: Steinmüller Stufenmischbrenner vom Typ SM I

3.1.2. Prinzip der Kohlenstaubaufteilung nach Austritt aus der Mühle

Nach Austritt des Kohlenstaubstromes aus der Mühle erfolgt die Aufteilung auf die Einzelbrenner bei der untersuchten Anlage in sieben Zwangsverteilern (s. Abbildung 12). Bei einer gleichmäßigen Aufteilung des eintretenden Kohlenmassenstromes in den einzelnen Verteilerstufen erhalten alle Brenner die gleiche Kohlemenge. Abweichungen bereits in einer Verteilerstufe können erhebliche Kohlenstaubungleichverteilungen auf die Einzelbrenner bewirken.

Abbildung 12 zeigt schematisch die Aufteilung des Kohlenstaubes nach der Mühle auf die zugehörigen Brenner. Wie sich die Kohle durch die Zwangsverteiler tatsächlich auf die einzelnen Brenner aufteilt, wurde mit Hilfe von Kohlenstaubmessungen untersucht.

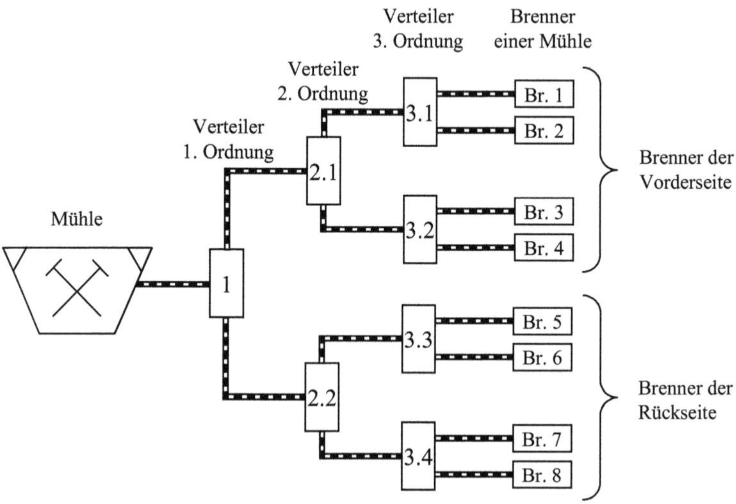

Abbildung 12: Schematische Darstellung der Kohleaufteilung einer Mühle auf die zugehörigen 8 Einzelbrenner

3.1.3. Zwangsverteiler – Einfluss der einzelnen Verteilerstufen auf die tatsächliche Kohlenstaubverteilung

Insgesamt sind bei der untersuchten Anlage sieben Zwangsverteiler je Mühle installiert. Jeder Zwangsverteiler hat die Aufgabe, den eintretenden Kohlenstaubstrom gleichmäßig auf zwei Leitungen aufzuteilen. Der Verteiler 1. Ordnung verteilt die Kohle auf die Brenner der Vorder- und Rückwand der Feuerung. Je ein Verteiler 2. Ordnung und zwei Verteiler 3. Ordnung verteilen den Kohlenstaubstrom auf die vier Brenner der Vorder- bzw. Rückwand der Feuerung. In Abbildung 13 ist dargestellt, wie sich der Kohlenstaubstrom auf die Einzelbrenner aufteilen kann, wenn in jeder Verteilerstufe eine Abweichung in der Gleichverteilung von +/- 5 % vorliegt. Die betrachtete Betriebsweise mit 40 t/h Kohle je Mühle entspricht bei der untersuchten Anlage dem Betrieb mit Volllast.

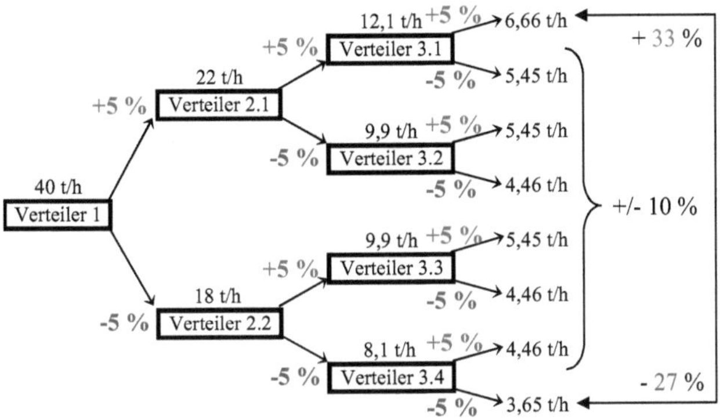

Abbildung 13: Aufteilung des Kohlenmassenstromes bei 5 % Abweichung je Verteilerstufe

Im Idealfall einer Gleichverteilung würde jeder Brenner 40 t/h : 8 = 5 t/h erhalten, eine Abweichung von nur +/- 5 % je Verteilerstufe führt dazu, dass maximale Abweichungen in der Kohlenstaubmenge von – 27 % bis + 33 % vom Mittelwert an den Brennern auftreten können. Bei einer Gleichverteilung der Verbrennungsluftmenge auf die Brenner ergeben sich stark variierende Luftzahlen an den Brennern.

Die Extremfälle bei der betrachteten möglichen Kohlenstaubverteilung von 3,65 t/h bzw. 6,66 t/h Kohle gegenüber 5 t/h Kohle bei einer Gleichverteilung führen zu stark über- bzw. unterstöchiometrischen Verhältnissen an diesen Brennern.

Unterstöchiometrische Einstellungen am Brenner, wie sie bei der betrachteten Ungleichverteilung des Kohlenstaubes auftreten können, beeinflussen das Abbrandverhalten des Kohlenstaubes und damit die Rauchgaszusammensetzung im Nahbereich des Brenners und der angrenzenden Feuerraumwände. Dadurch können reduzierende Bedingungen im Nahbereich von Brennern verursacht werden.

Eine stark überstöchiometrische Betriebsweise wirkt dem Prinzip der primären NO_x-Minderung entgegen und kann so lokale NO_x-Strähnen erzeugen und zu einer erhöhten NO_x-Produktion beitragen.

Zur Bestimmung der tatsächlichen Kohlenstaubverteilungssituation an der untersuchten Feuerung wurden Kohlenstaubabsaugmessungen mit dem SMG10-Messgerät durchgeführt und die kontinuierlich aufgezeichneten Daten einer Online-Kohlenstaubmessung ausgewertet.

3.2. Messtechniken zur Untersuchung der Wandatmosphäre

Im Folgenden werden die verwendeten Messtechniken und die Vorgehensweise zur Bestimmung der Wandatmosphäre und der Kohlenstaubverteilung dargestellt sowie die genutzten Messpositionen beschrieben.

Die Bestimmung der Wandatmosphäre erfolgt durch Absaugen von Rauchgas aus Bereichen der Feuerraumwände (s. Abbildung 14). Zur Entnahme des Rauchgases müssen Entnahmestutzen in die Feuerraumwand eingebracht werden. Bei Rohr-Steg-Rohr-Wänden können Bohrungen in die Stege zwischen den einzelnen Verdampferrohren eingebracht werden, über die mittels angebrachter Stutzen Rauchgas abgesaugt werden kann. Das abgesaugte Rauchgas wird über eine Schlauchleitung den Messgeräten zugeführt. Die Anzahl der Entnahmestutzen, die zur Bewertung der Wandatmosphäre erforderlich sind, hängt von der Bauart und der Größe des Feuerraumes ab. Um eine sichere Bewertung der gesamten Wandfläche zu ermöglichen, müssen ausreichend Entnahmestutzen vorhanden sein. Der Abstand der einzelnen Entnahmestutzen zueinander macht es erforderlich, dass die verwendeten Messgeräte zur Messung der Sauerstoff- und Kohlenmonoxidkonzentrationen häufig umgesetzt werden müssen. Bei kleineren Anlagen bzw. einer geringen Anzahl an Messstellen ist zur messtechnischen Erfassung der Wandatmosphäre ein mobiler Messgasschrank geeignet. Bei größeren Anlagen bzw. einer großen Anzahl an Messstellen ist eine Verschlauchung der Entnahmestutzen sinnvoll. Die Schläuche aller Entnahmestutzen werden dazu an einem Messort zusammengeführt und ermöglichen so den Einsatz eines Messgasschrankes. Die zur Messung der Wandatmosphäre benötigte Zeit wird dadurch stark verkürzt, da die Umrüstzeiten für die Messgeräte entfallen. Ein weiterer Vorteil eines zentralen Messgasschrankes ist die Möglichkeit den Messvorgang zu automatisieren, was beim Einsatz eines mobilen Messgasschrankes nicht möglich ist. Abbildung 15 zeigt den Weg des zu analysierenden Rauchgases. Die Pumpe saugt das Rauchgas über einen Filter an und drückt es durch den Messgaskühler. Für jeden Messgaskanal wird der Durchfluss mittels Sensoren überwacht. Bei abnehmendem Durchfluss wird der zugehörige Messgaskanal abgeschaltet.

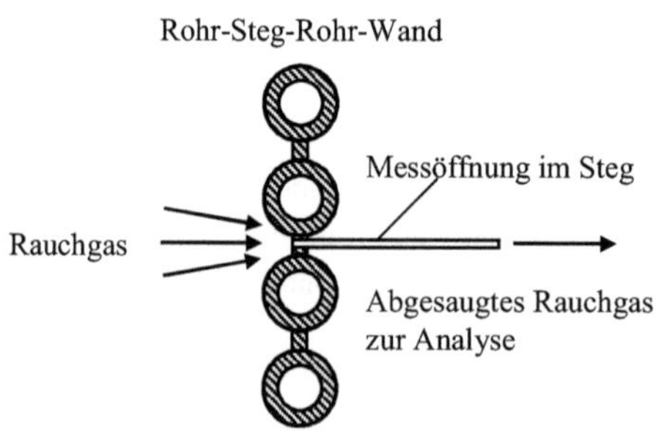

Abbildung 14: Entnahmestutzen an der Feuerraumwand

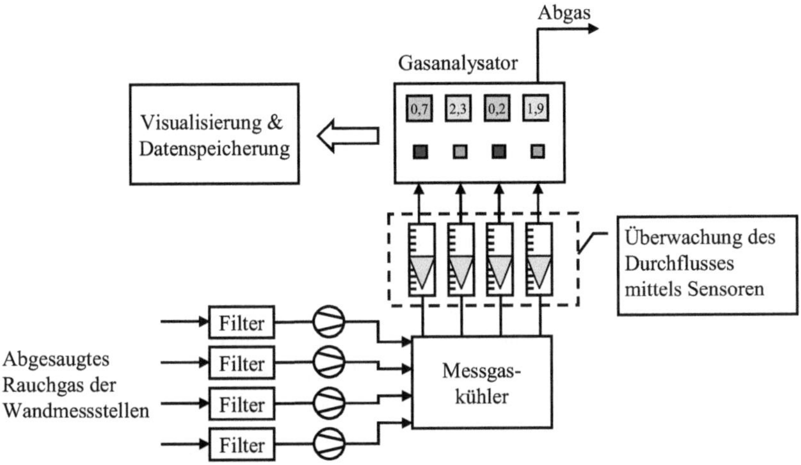

Abbildung 15: Schematische Darstellung der Messgasanalyse

3.3. Vorgehensweise bei der Bestimmung der Wandatmosphäre im RDK7

Zur Ermittlung der Wandatmosphäre wurden die Sauerstoff- und Kohlenmonoxid-Konzentrationen diskontinuierlich an insgesamt 110 dafür eingerichteten Wandmessstellen gemessen. Abbildung 17 zeigt die schematische Darstellung der Kesselabwicklung. Am linken Bildrand ist die Kesselhöhe angegeben, die untersten Wandmessöffnungen beginnen bei ca. 13 m Kesselhöhe im oberen Bereich des Aschetrichters und sind bis zum Feuerraumende bei ca. 42 m Kesselhöhe gleichmäßig angeordnet.

Alle Wandmessstellen sind mit Teflon-Schläuchen ausgerüstet, über die das abgesaugte und zu analysierende Rauchgas zum Standort des Messgasschrankes geleitet wird. Die Messgeräte verbleiben bei dieser Vorgehensweise an einem Standort und müssen nicht zu jeder Messstelle transportiert werden. Erschütterungen der Messgeräte durch einen Transport werden dadurch vermieden, und der Zeitbedarf für eine Messreihe (bestehend aus 110 Einzelmessungen) wird erheblich reduziert. Der Zeitbedarf pro Messreihe betrug im beschriebenen Fall ca. 3 h. Der eingesetzte Messgasschrank (Abbildung 16) verfügt über vier kombinierte O_2/CO-Gasanalysatoren, es kann damit an vier Messstellen zeitgleich gemessen werden. Jedes Messgerät wird über eine separate, beheizte Messgaspumpe versorgt. Das aus dem wandnahen Bereich abgesaugte Rauchgas wird zunächst über einen beheizten Filter geleitet und anschließend über einen Messgaskühler in das zu diesem Messkanal gehörende Messgerät gefördert. Die Pumpe ist vor dem Messgaskühler angeordnet, d.h. der Messgaskühler wird bei dieser Anordnung mit Überdruck betrieben. Diese Betriebsweise bietet den Vorteil, dass eventuelle Undichtigkeiten im Messgaskühler das Messergebnis nicht verfälschen. Wird der Messgaskühler mit Unterdruck betrieben, so würde das bei einer Undichtigkeit zur Verdünnung des Messgases führen, und als Folge würden zu hohe O_2-Konzentrationen, bzw. zu geringe CO-Konzentrationen gemessen. Die Förderleistung jeder einzelnen Pumpe wird über Durchflussmessgeräte eingestellt und kontrolliert.

Abhängig von der Position einer Wandmessstelle am Kessel kann es durch Verschlackung, Anbackungen oder eine hohe Partikelbeladung auf der Feuerraumseite der Wandmessstelle zur Verblockung der Messöffnung kommen. In diesem Fall sinkt die Förderleistung der Messgaspumpe, bei Unterschreitung des Sollwertes wird die Pumpe abgeschaltet, und auf dem Display der elektronischen Messwerterfassung erscheint eine Fehlermeldung, die im Messprotokoll abgespeichert wird. Damit wird sichergestellt, dass die Rauchgas-Konzentrationsmessungen bei konstantem Messgasvolumenstrom durchgeführt werden. An jeder Messstelle wird, nachdem das zu analysierende Rauchgas am Messgerät angelangt ist, für mindestens 60 s Rauchgas abgesaugt und die zugehörigen Messwerte aufgezeichnet.

Abbildung 16: Messgasschrank mit Schläuchen der angeschlossenen Wandmessstellen

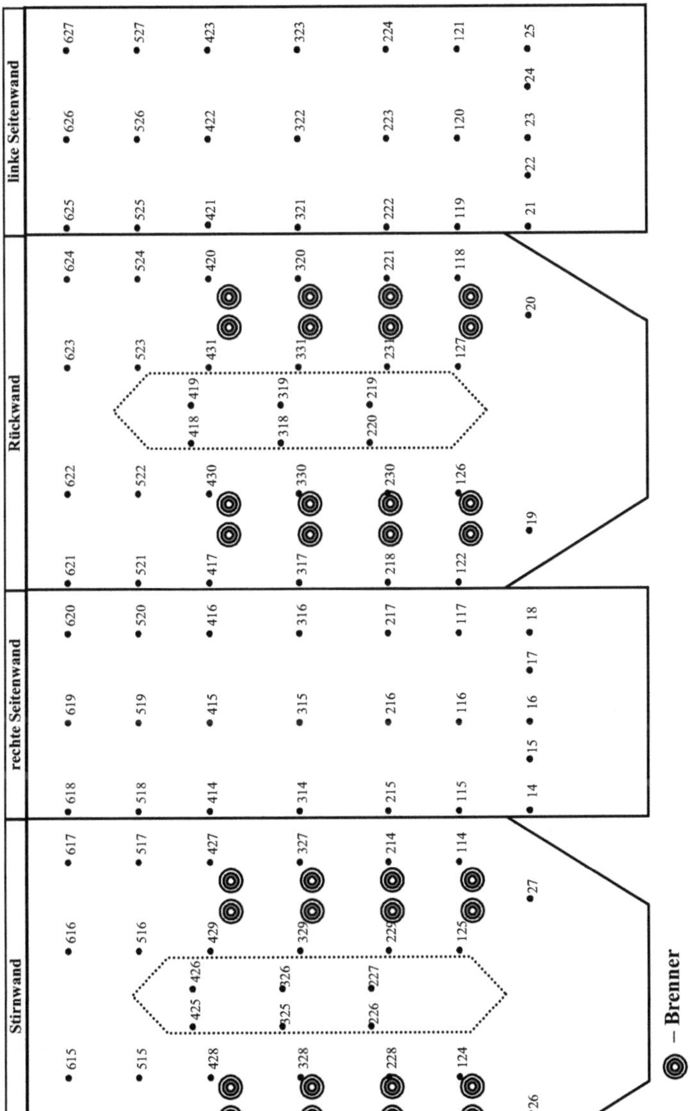

Abbildung 17: Positionen und Bezeichnungen der 110 Wandmessstellen an den Feuerraumwänden (Abwicklung von außen betrachtet)

3.4. Messtechniken zur Untersuchung der Kohlenstaubverteilung

Zur Bestimmung der Kohlenstaubverteilung stehen sowohl diskontinuierlich als auch kontinuierlich arbeitende Messverfahren zur Verfügung. Bei der diskontinuierlichen Erfassung der Kohlenstaubverteilung werden größtenteils beprobende Messverfahren eingesetzt, die nach dem Prinzip der isokinetischen Teilstromentnahme arbeiten. Kontinuierlich arbeitende Messverfahren ermöglichen im Unterschied dazu eine Online-Überwachung der Kohlenstaubverteilung.

3.4.1. Diskontinuierliche Kohlenstaubmessung

Mittels isokinetischer Staubprobennahme wird aus den Kohlenstaubleitungen Kohlenstaub abgesaugt. Mit der abgesaugten Kohlenstaubmenge und der Absaugezeit kann die Beladung der einzelnen Kohlenstaubleitungen berechnet werden. Die bei der Messung anfallende Kohlenstaubprobe kann im Labor auf die chemische Zusammensetzung und die Korngrößenverteilung analysiert werden.

Folgende Informationen werden bei der diskontinuierlichen Kohlenstaubmessung gewonnen:

- Der Kohlenmassenstrom der untersuchten Kohlenstaubleitungen,
- die Verteilungsschieflage bei Messung aller Kohlenstaubleitungen einer Mühle,
- die Kohlenstaubverteilung über den Leitungsquerschnitt und damit die Strähnenbildung im Kohlenstaubrohr,
- das Geschwindigkeitsprofil der Strömung über den Leitungsquerschnitt und die daraus errechnete mittlere Strömungsgeschwindigkeit in der Kohlenstaubleitung sowie
- die Temperatur des abgesaugten Teilvolumenstromes.

3.4.2. Messprinzip des diskontinuierlich arbeitenden Messgerätes SMG 10

Zur Beprobung der Staubleitungen wurde das Staubmessgerät SMG 10 verwendet. Dabei handelt es sich um ein mobiles, Computer gestütztes Messsystem zur Untersuchung von Kohlenstaub-Luft-Strömungen. Mit Hilfe des Messgerätes können die Strömungsprofile in den Staubleitungen und die zugehörige Luft- und Brennstoffverteilung bestimmt sowie gleichzeitig Staubproben entnommen werden.

Zur Durchführung der Messung wird eine kalibrierte Nulldrucksonde durch eine Staubschleuse in die Kohlenstaubleitung eingebracht (siehe Abbildung 18). Die Kohlenstaubmessung erfolgt nach dem Prinzip der isokinetischen Teilstromentnahme. Hierzu wird während des Messvorganges durch das Sondenrohr ein Teilstrom des Kohlenstaub-Luft-Gemisches geschwindigkeitsgleich aus der Hauptströmung abgesaugt. Für die geschwindigkeitsgleiche Absaugung werden die statischen Drücke des Teilstroms und des umgebenden Gesamtstroms direkt an der Sondeneintrittsöffnung über

Druckentnahmebohrungen und Messleitungen von Drucksensoren gemessen. Der Abgleich der Drücke erfolgt über ein Computer gesteuertes Druckluft-Magnetventil und einen Injektor. Die Nulldrucksonde wird mit einer Haltevorrichtung an der Rahmenplatte der Staubschleuse geführt. Auf dieser Haltevorrichtung ist eine Lochscheibe mit den vorgegebenen Messpunkten des Rohrquerschnittes montiert. Mit Hilfe einer automatischen Sondenführung werden diese Positionen nacheinander angefahren und jeweils eine Absaugung durchgeführt. Um den Einfluss der unterschiedlichen Anströmung an den einzelnen Messpunkten gering zu halten, wird die Sonde um maximal 20° geschwenkt. Die Trennung des abgezogenen Kohlenstaubes und der Tragluft erfolgt im Messgerät durch zwei in Reihe geschaltete Zyklone. Der Staub wird in einem isolierten Behälter unterhalb der Zyklone gesammelt und gewogen. Um den Behälter herum ist die Wiegeeinrichtung schwingungsstabil installiert. Sie besteht aus zwei überlastungssicheren Aufnehmern mit Dehnungsmessstreifen, die dem Rechner zur Auswertung ein elektrisches Signal liefern. Nach der Kohlenstaubabscheidung erfolgt im Messgerät die Traggas-Mengenmessung. Die zugehörige Messeinrichtung arbeitet nach dem Prinzip des Prandtl-Staurohres (statische und dynamische Druckmessung) und bildet eine Einheit mit dem Injektor. Eine zusätzlich eingebaute Temperatur-Messstelle ermöglicht die Umrechnung der Luftmengen in Normvolumen.

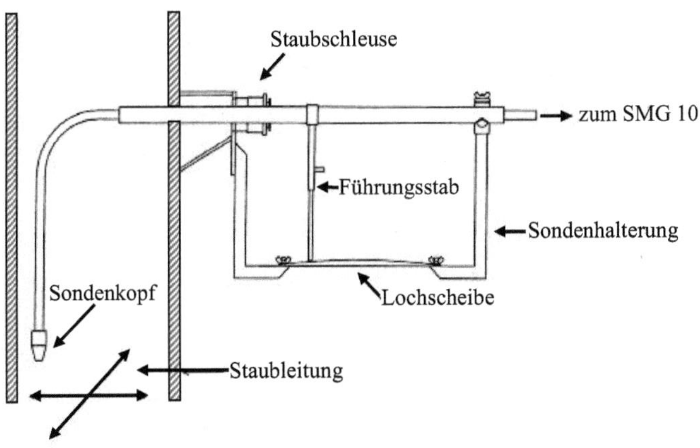

Abbildung 18: SMG 10 Absaugsonde, positioniert in einer Kohlenstaubleitung

3.4.3. Kontinuierliche Kohlenstaubmesstechnik

Zur Online-Erfassung von Kohlenmassenströmen sind Messsysteme verschiedener Hersteller verfügbar. Diese Systeme unterscheiden sich teilweise hinsichtlich des verwendeten Messverfahrens. Unabhängig vom Messprinzip ermöglichen alle diese Messsysteme eine kontinuierliche Erfassung der Kohlenstaubverteilung. Abhängig vom Messprinzip kann auch der absolute Kohlenmassenstrom jeder Kohlenstaubleitung bestimmt werden. Im Folgenden wird die im Rahmen der Untersuchungen genutzte Kohlenstaubmesstechnik der Firma MIC beschrieben.

3.4.4. Funktionsweise des MIC Online-Kohlenstaubmessgerätes

Die MIC Online-Kohlenstaubmesstechnik arbeitet mit Mikrowellen. Im Messsensor ist eine Sender- und Empfängereinheit untergebracht. Der Mikrowellensender erzeugt ein Mikrowellenfeld. Passieren Feststoffpartikel dieses Feld, werden Mikrowellen reflektiert und vom Empfänger detektiert. Die Intensität der reflektierten Mikrowellen ist ein Maß für die Anzahl bzw. die Oberfläche der Partikel, an der die Mikrowellen reflektiert werden.

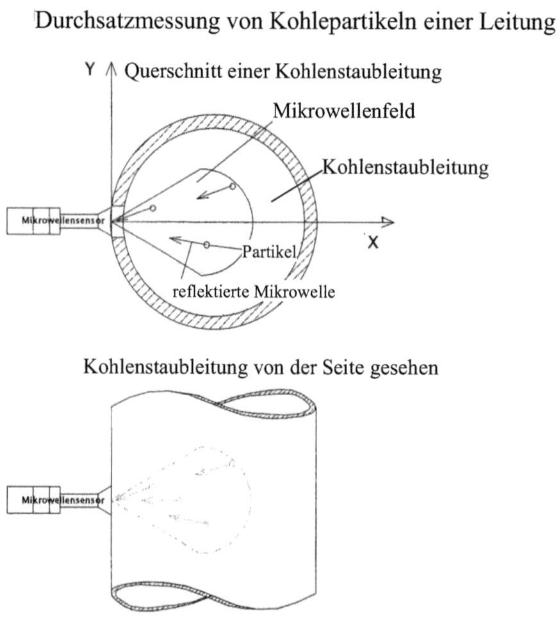

Abbildung 19: Funktionsprinzip der MIC Kohlenstaubmesstechnik
Quelle: MIC

Das verwendete MIC Online-System bestimmt keine absoluten Kohlenstaubmengen, sondern ermittelt anhand der reflektierten Intensitäten die relative Kohlenstaubverteilung auf die Leitungen einer Mühle. Die gemessenen Intensitäten werden summiert und zu den Intensitäten der einzelnen Leitungen ins Verhältnis gesetzt. Auf diese Weise wird die prozentuale Kohlenstaubverteilung auf die einzelnen Leitungen bestimmt.

3.4.5. Kohlenstaubmessöffnungen und Positionen der MIC Sensoren

Die für die SMG10-Messungen zur Verfügung stehenden Messöffnungen befinden sich an den Staubleitungen der zweiten und vierten Brennerebene (Mühle 20 und Mühle 40) im senkrechten Bereich der Staubleitungen, mit ausreichend großen Ein- und Auslaufstrecken. Bei der ersten und dritten Brennerebene (Mühle 10 und Mühle 30) mussten die Messöffnungen aus Platzgründen im waagrechten Bereich der Staubleitung installiert werden.

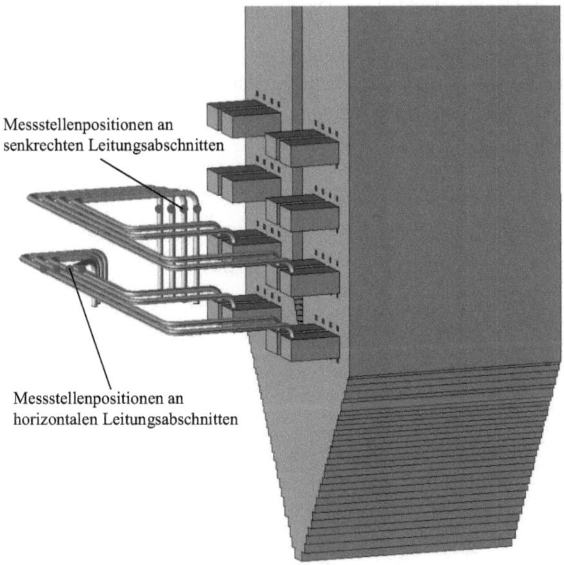

Abbildung 20: Anordnung der Kohlenstaubmessöffnungen am Beispiel der Brennerebenen 1 und 2 auf der Kesselvorderseite

Abbildung 20 zeigt schematisch die Position der Messöffnungen für die Kesselvorderseite der ersten und zweiten Brennerebene. Die MIC Sensoren für die Online-Messung der Kohlenstaubverteilung befinden sich jeweils in unmittelbarer Nähe zu den Kohlenstaubmessöffnungen.

Die Kohlenstaubleitungen sind ab Austritt aus der letzten Zwangsverteilerstufe dargestellt. Die letzten Zwangsverteilerstufen der unteren beiden Brennerebenen sind auf Höhe der ersten Brennerebene installiert, dementsprechend sind die senkrechten Staubleitungsabschnitte der zweiten Brennerebene größer und bieten ausreichende Ein- und Auslaufstrecken zum Einbau von Kohlenstaubmessöffnungen. Analog sind die Messöffnungen an den Staubleitungen der Rückseite und der darüber liegenden Brennerebenen angebracht. Die letzten Zwangsverteiler der oberen beiden Brennerebenen befinden sich auf Höhe der dritten Brennerebene, so dass sich an den Brennerebenen 3 und 4 die gleiche Situation darstellt wie an den Brennerebenen 1 und 2.

Bei Kohlenstaubmessungen an waagerechten Kohlenstaubleitungen ist zu berücksichtigen, dass im Gegensatz zu vertikalen Leitungen die Schwerkraft senkrecht zur Strömungsrichtung steht. Dadurch sinken die Kohlepartikel ab und bilden einen Bereich hoher Partikelbeladung im unteren Bereich der Kohlenstaubleitung. Die Strömungsgeschwindigkeit nimmt in diesem Bereich stark ab.

Der Förderzustand in der waagrechten Leitung kann sich vom Förderzustand in der senkrechten Leitung unterscheiden. Dieser Umstand muss bei der Bewertung der Messergebnisse berücksichtigt werden.

4. Ergebnisse der Wandatmosphärenmessungen

In der Vergangenheit haben Abzehrungen, verursacht durch Feuerraumkorrosion, zu teilweise erheblichen Schäden an Verdampfern geführt (s. Kapitel 2.5.3). Die regelmäßige Überwachung der Wandatmosphäre dient dazu, Anzeichen einer möglichen Feuerraumkorrosion frühzeitig zu erkennen und korrosionsbedingte Schäden zu vermeiden.

Änderungen der Feuerungseinstellungen oder eine veränderte Brennstoffqualität bzw. Brennstoffzusammensetzung können sich auf die Zusammensetzung der Wandatmosphäre auswirken. Insbesondere bei einer Absenkung der Verbrennungsluftmenge zur Reduzierung des Abgasverlustes oder bei der Umsetzung primärer NO_x-Minderungsmaßnahmen besteht die Gefahr, reduzierende Bedingungen an den Feuerraumwänden zu generieren. Änderungen der Feuerungseinstellungen und der Brennstoffzusammensetzung sollten daher immer von Wandatmosphäremessungen begleitet werden.

4.1. Ziele der durchgeführten Wandatmosphärenmessungen

Ziel der Wandatmosphäremessungen war es, im ersten Schritt den Ist-Zustand der Wandatmosphäre zu erfassen und zu bewerten. Im Weiteren wurden verschiedene Parameter zur Beeinflussung der Wandatmosphäre untersucht, um eine optimierte Feuerungseinstellung erarbeiten zu können, die eine ausreichende Sauerstoffkonzentration an den Feuerraumwänden gewährleistet und gleichzeitig die Belange einer wirtschaftlichen Betriebsweise berücksichtigt.

Nachfolgend sind die Versuche aufgelistet, die zur Verifizierung von Einflussparametern auf die Wandatmosphäre durchgeführt wurden:

1. Ist-Aufnahme der Wandatmosphäre an 110 Wandmessstellen und Bestimmung der Schwankungsbreite an jeder Messposition,
2. Untersuchung des Einflusses zweier unterschiedlicher Kohlen,
3. Messung der Wandatmosphäre bei unterschiedlichen Luftzahlen,
4. Messung der Wandatmosphäre bei unterschiedlicher Luftstufung an den Brennern und
5. Erhöhung der Sekundärluftmenge an ausgewählten Brennern.

Basierend auf den Ergebnissen der Wandatmosphäreuntersuchungen sollen Parameter zur Beeinflussung der Wandatmosphäre identifiziert und bewertet werden. Ziel war es, mit der vorhandenen Anlagentechnik die bestmögliche Betriebseinstellung zu erarbeiten.

Im Folgenden werden die Ergebnisse der durchgeführten Untersuchungen zur Wandatmosphäre am Block 7 des Rheinhafen-Dampfkraftwerkes dargestellt und diskutiert.

4.2. Ist-Aufnahme der Wandatmosphäre

Die Bestimmung des Ist-Zustandes der Wandatmosphäre erfolgte durch Messungen der O_2- und der CO-Konzentrationen an den vorhandenen 110 Wandmessstellen. Um die Schwankungsbreite der Messwerte zu ermitteln, wurden die Wandatmosphäremessungen bei vergleichbaren Feuerungseinstellungen mehrfach durchgeführt. Für die Ermittlung des Ist-Zustandes wurde die südafrikanische Kohle Kleinkopje ausgewählt.

Hauptsächlich werden in der Anlage Kohlemischungen mit einem hohen Anteil an südafrikanischen Kohlen eingesetzt. Der Vorteil der ausgewählten Kohle besteht in der Möglichkeit, diese Kohle aufgrund ihrer Eigenschaften und Zusammensetzung ohne Zumischung einer weiteren Kohle auf allen vier Brennerebenen gleichzeitig zu verbrennen. Einflüsse auf die Wandatmosphäre, die möglicherweise durch Einsatz unterschiedlicher Kohlen oder Schwankungen der Kohlemischungen auf den einzelnen Brennerebenen verursacht werden, konnten so ausgeschlossen werden.

Die folgenden Diagramme zeigen die Ergebnisse der durchgeführten Wandatmosphäremessungen zur Ist-Aufnahme. In Abbildung 21 sind die gemessenen O_2-Konzentrationen aus dem Bereich des Aschetrichters und der Brennerebenen 1 und 2 dargestellt. Die O_2-Konzentrationen im Bereich des Aschetrichters sind insgesamt recht hoch. Im Durchschnitt beträgt die mittlere O_2-Konzentration 7 Vol.-%,tr.,[3] die niedrigste gemessene O_2-Konzentration beträgt 3,5 Vol.-%[4]. In diesem Bereich ist eine ausreichende O_2-Konzentration an der Oberfläche der Verdampferrohre vorhanden, so dass an diesen Positionen nicht mit Feuerraumkorrosion zu rechnen ist.

In Abbildung 22 sind die Messwerte der Brennerebenen 3 und 4 sowie der darüber befindlichen Messebene dargestellt. Die Messungen zeigen, dass O_2-Konzentrationen kleiner 2 Vol.-% ebenso wie stark schwankende Messwerte überwiegend im Bereich der Brennerebenen auftreten.

Die gemessenen O_2-Konzentrationen an den Wandmessstellen direkt über den obersten Brennerebenen besitzen einen nahezu identischen Verlauf wie die Konzentrationswerte an den darunter liegenden Wandmessstellen. Die Brenner haben in diesem Bereich noch einen dominierenden Einfluss auf die Wandatmosphäre. Ebenso kann die Wandatmosphäre auf den einzelnen Brennerebenen von den Brennern der jeweils darunter liegenden Brennerebene beeinflusst werden. Innerhalb der Brennerebenen muss daher eine mögliche Interaktion mehrerer Brenner bei der Bewertung einzelner Wandmessstellen berücksichtigt werden.

---

[3] Alle gemessenen Gaskonzentrationen wurden trocken gemessen, im Folgenden wird daher auf die Angabe tr. verzichtet.

[4] Dieser Messwert ist in den ausgewählten Messreihen nicht enthalten und findet sich daher nicht in den Diagrammen. Die Angabe soll die tatsächliche Schwankungsbreite verdeutlichen.

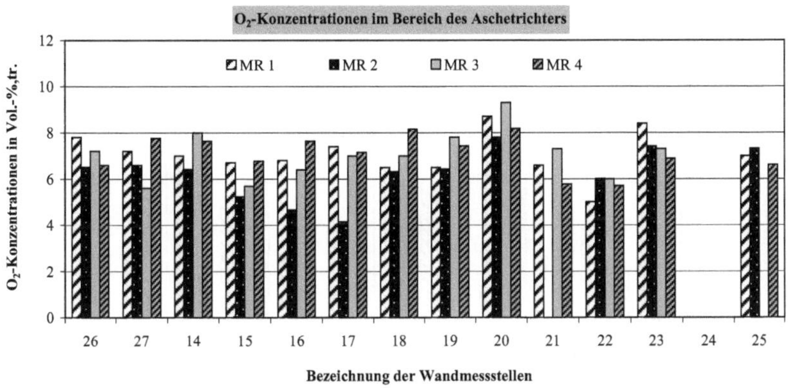

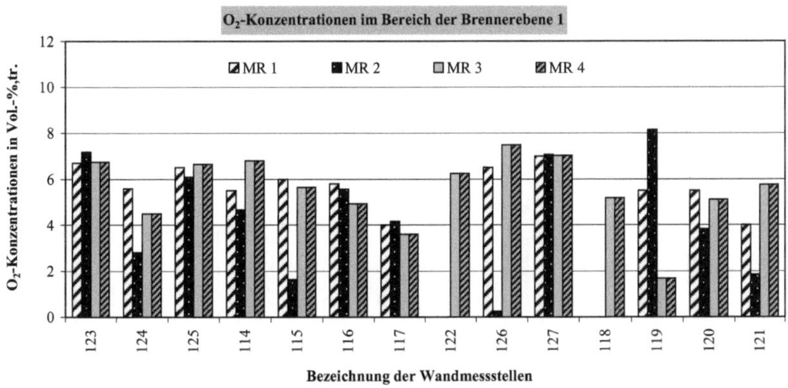

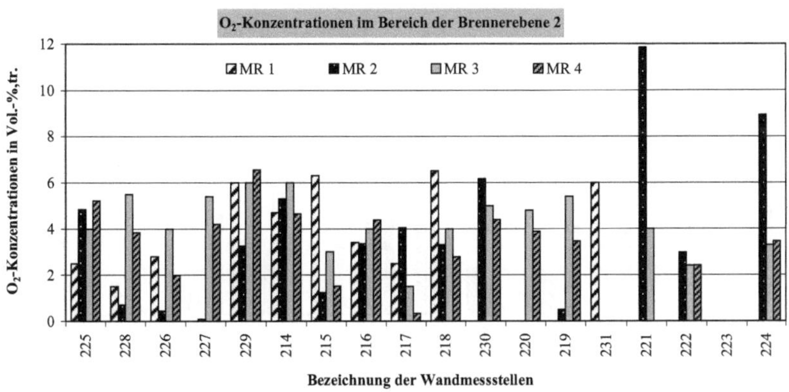

Abbildung 21: Gemessene O_2-Konzentrationen im Bereich des Aschetrichters und der Brennerebenen 1 und 2

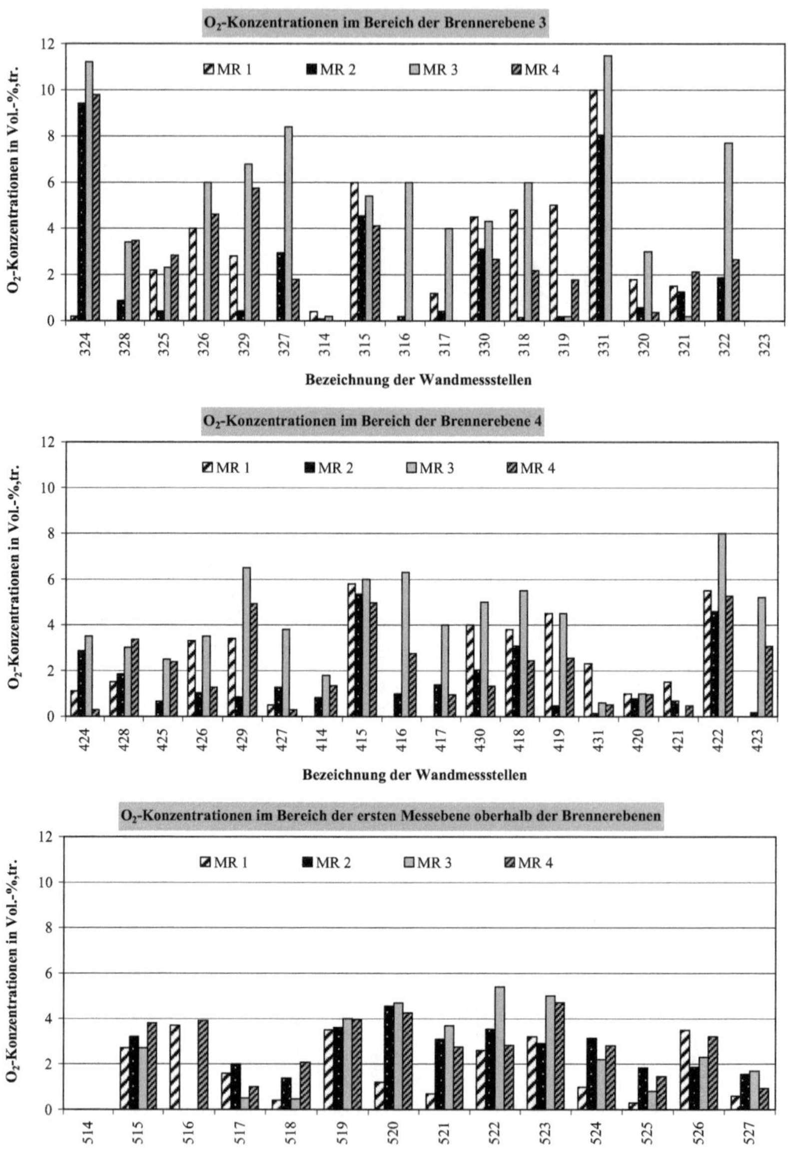

Abbildung 22: Gemessene O_2-Konzentrationen im Bereich der Brennerebenen 3 und 4 sowie oberhalb der vierten Brennerebene

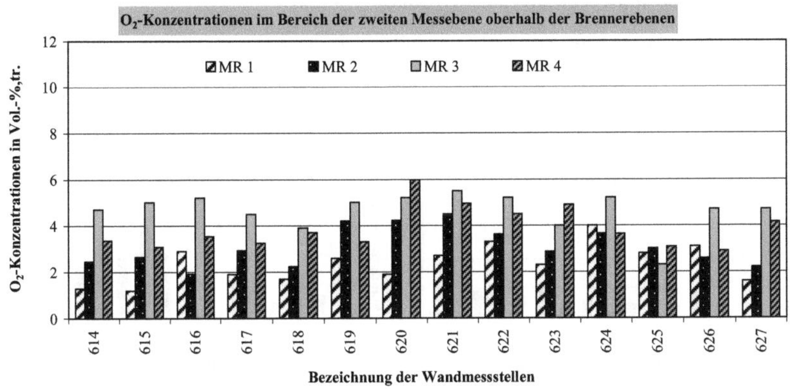

Abbildung 23: Gemessene O_2-Konzentrationen im Bereich der zweiten Messebene oberhalb der Brennerebenen

Als Folge von Vermischungsvorgängen setzt oberhalb der vierten Brennerebene (Feuerraumhöhe 33 und 45 m) eine Vergleichmäßigung der Rauchgaskonzentrationen ein. Dies zeigt sich in einer geringeren Schwankungsbreite der gemessenen O_2-Konzentrationen.

Die Betrachtung der Messwerte von 4 Messreihen (in den Abbildungen 21 bis 23 mit MR 1 bis MR 4 bezeichnet), die bei vergleichbaren Feuerungseinstellungen durchgeführt wurden, ergibt, dass bedingt durch die starken Schwankungen der Messwerte bei der erstmaligen Ist-Aufnahme der Wandatmosphäre an einer Feuerung eine einzelne Messreihe unter Umständen nicht ausreichend ist, um den tatsächlichen Ist-Zustand zu ermitteln. Damit eine zuverlässige Bewertung hinsichtlich einer möglichen Korrosionsgefahr erfolgen kann, muss besonders bei der Erstaufnahme der Wandatmosphäre auf eine ausreichende Messdauer an jeder Messstelle geachtet werden.

Als kritisch bezüglich möglicher Feuerraumkorrosion gelten erfahrungsgemäß O_2-Konzentrationen kleiner 1 Vol.-% [69].

Messstellen mit stark schwankenden O_2-Konzentrationen

In Abbildung 24 sind die Standardabweichungen der vier Messreihen für jede Messstelle dargestellt. Die Standardabweichung ist ein Maß dafür, wie stark die Messwerte um den Mittelwert streuen. Die Streuung der Messwerte und damit die Standardabweichung ist auf

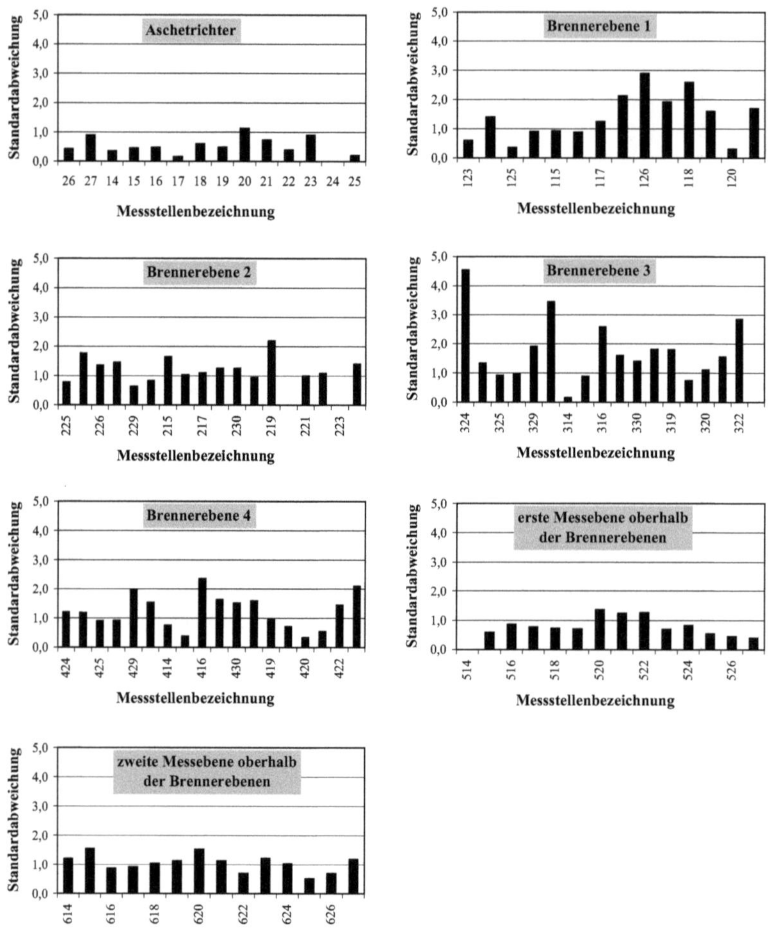

Abbildung 24: Standardabweichung der gemessenen O_2-Konzentrationen in Vol.-%,tr

den Brennerebenen wesentlich höher als im Bereich des Aschetrichters und den Messebenen oberhalb der Brennerebenen[5].

Die stärksten Schwankungen der gemessenen Sauerstoffkonzentrationswerte treten an Messstellen im Brennernahbereich auf. Als mögliche Ursache für diese Schwankungen wird eine ungleichmäßige Brennstoffzufuhr vermutet.

In Abbildung 25 sind die gemessenen O_2-Konzentrationsverläufe von zwei verschiedenen Messstellen über einen Zeitraum von 6 Minuten aufgetragen. Die Messstelle 118 befindet sich auf Höhe der ersten Brennerebene. An dieser Position wurden O_2-Konzentrationen von 0 bis 3,1 Vol.-% gemessen, während an der Messstelle 624 oberhalb der Brennerebenen die gemessene O_2-Konzentration wischen 2,8 und 3,5 Vol.-% schwankt.

Korrespondierend zu den gemessenen O_2-Konzentrationen traten die höchsten gemessenen CO-Konzentrationen im Bereich niedriger O_2-Konzentrationen auf. Die höchste Schwankungsbreite wurde für beide Gasspezies an den gleichen Wandmessstellen ermittelt.

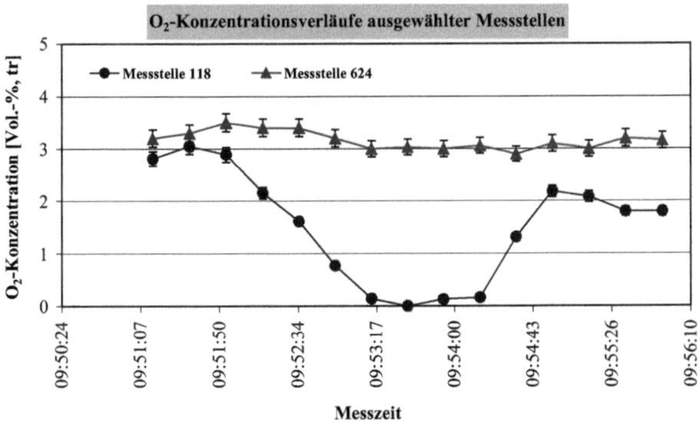

Abbildung 25: O_2-Konzentratonsverläufe an den Messstellen 118 und 624

[5] Im Anhang A1 sind die Messpositionen stark schwankender O_2-Konzentration in einer Kesselabwicklung dargestellt.

4.3. Einfluss der eingesetzten Kohle auf die Wandatmosphäre

Im Rahmen der Untersuchungen wurde die Wandatmosphäre beim Einsatz einer südafrikanischen (SA) Kohle und beim Einsatz einer Kohlenmischung untersucht. Die Kohlen wurden jeweils auf allen vier Brennerebenen eingesetzt. Die Ausstattung der Mühlen mit je zwei Kohlebunkern und Zuteilern ermöglicht es dem Betreiber, flexibel auf Schwankungen in der Kohlequalität zu reagieren. Durch Variation des Mischungsverhältnisses können die Auswirkungen starker Schwankungen der Kohlezusammensetzung auf die Feuerung kompensiert oder zumindest abgeschwächt werden. Die Messung der Wandatmosphäre beim Einsatz der beiden Kohlen erfolgte jeweils bei Volllast und einer Sauerstoffkonzentration von 4,0 Vol.-% am Feuerraumende (λ=1,235).

Zur Bewertung des Einflusses unterschiedlicher Kohlen, Feuerungseinstellungen und Betriebsparameter auf die Wandatmosphäre wurde die Darstellungsform in Abbildung 26 gewählt. In dieser Darstellung entspricht die Gesamtanzahl der Wandmessstellen 100 %.

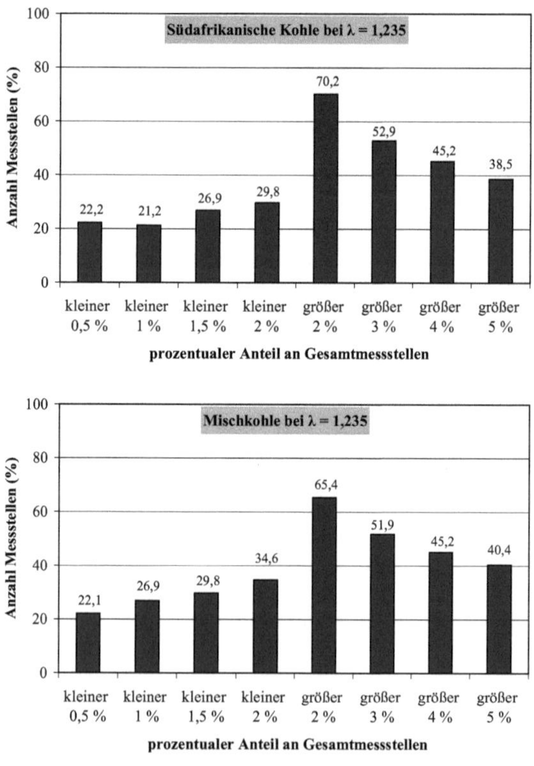

Abbildung 26: Vergleich der Wandatmosphäre bei Einsatz unterschiedlicher Kohlen

Die einzelnen Säulen in diesem Diagramm geben an, wie hoch der prozentuale Anteil an Wandmessstellen bezogen auf die zugeordneten Sauerstoffkonzentrationsbereiche ist. Beispielsweise gibt der erste Balken (links) im Diagramm an, dass an 22,1 % (s. Abbildung 26 unteres Diagramm) aller Wandmessstellen Sauerstoffkonzentrationswerte kleiner 0,5 Vol.-% gemessen wurden. Mit Hilfe dieser Darstellungsform lassen sich Unterschiede einzelner Messreihen und damit Auswirkungen verschiedener Maßnahmen schnell erkennen und bewerten.

Wie aus Abbildung 26 hervorgeht, kann bei der Mischkohleverbrennung kein signifikanter Unterschied zur alleinigen Verfeuerung von südafrikanischer Kohle bei der sich einstellenden Wandatmosphäre festgestellt werden. Der etwas höhere Anteil an Wandmessstellen mit O_2-Konzentrationen kleiner 2 Vol.-% bei der Mischkohle (34,6 %) als bei der SA-Kohle (29,8 %) kann bei der festgestellten Schwankungsbreite der Wandatmosphäre einzelner Messstellen nicht mit Sicherheit einer Kohlensorte zugeordnet werden.

Die weiteren Messungen zur Untersuchung der Einflüsse verschiedener Feuerungseinstellungen wurden ausschließlich bei Einsatz der SA-Kohle vorgenommen, um eventuelle Einflüsse durch die eingesetzte Kohle ausschließen zu können.

Die beiden unterschiedlichen Kohlen haben bei der untersuchten Feuerung nicht zu signifikanten Unterschieden in der Wandatmosphäre geführt. Die Unterschiede waren so gering, dass eine Zuordnung zu den eingesetzten Kohlen nicht möglich war.

Es ist jedoch zu berücksichtigen, dass dies nur für die Wandatmosphäre gilt, nicht jedoch für die tatsächliche Wahrscheinlichkeit des Auftretens von Feuerraumkorrosion. Das bedeutet, dass bei gleicher Beschaffenheit der Wandatmosphäre die Zusammensetzung der Kohle und die Freisetzung korrosiver Bestandteile entscheidend sind. Die Existenz von reduzierender Wandatmosphäre führt nur dann zur Feuerraumkorrosion, wenn die Korrosionsverursacher in ausreichender Konzentration vorhanden sind.

Da die Zusammensetzung der Kohle und damit das Korrosionspotenzial weder kontinuierlich erfasst wird noch eine Einflussnahme auf die Zusammensetzung ohne großen technischen Aufwand möglich ist, muss eine Feuerungseinstellung erarbeitet werden, mit der ein zuverlässiger Anlagenbetrieb unabhängig von der Einsatzkohle möglich ist.

Ziel ist es daher, die Voraussetzungen für Feuerraumkorrosion zu vermeiden und die Feuerraumwände ausreichend mit Sauerstoff zu versorgen.

4.4. Einfluss der Sekundärluftmenge und der Luftstufung auf die Wandatmosphäre

Als Maß für den Luftüberschuss wurde die am Feuerraumende gemessene O_2-Konzentration herangezogen. Die O_2-Messung befindet sich vor dem Übergang in die Konvektivheizflächen.

Der Luftüberschuss wird nach unten hin durch die Vorgaben begrenzt, einen möglichst geringen Glühverlust und eine ausreichende Sauerstoffkonzentration an den Feuerraumwänden zu erzielen.

Aus Sicht einer wirtschaftlichen Betriebsweise sollte der Luftüberschuss so gering wie möglich gehalten werden, um den Abgasverlust zu minimieren. Eine hohe Verbrennungsluftmenge erfordert zudem eine entsprechend hohe Gebläseleistung und erhöht damit den Eigenbedarf des Kraftwerkes.

Vorgehensweise

Während der Untersuchung des Einflusses der Gesamtverbrennungsluftmenge auf die Wandatmosphäre wurden die Einsatzkohle und der Kohlenmassenstrom konstant gehalten. Als Ausgangsbasis für die Untersuchungen wurde eine für diesen Block übliche Betriebsweise mit einer O_2-Konzentration von 3,8 Vol.-% am Feuerraumende gewählt, was einer Luftzahl von λ=1,22 entspricht. Da mit dieser Luftzahl bei der eingesetzten Kohle der geforderte Glühverlust (< 5 %) noch sicher eingehalten werden konnte, wurde diese Betriebsweise als Grundeinstellung definiert.

In sechs weiteren Messreihen (MR λ 1 bis MR λ 6) wurde die Verbrennungsluftmenge schrittweise angehoben, so dass sich jeweils eine um 0,1 Vol.-% höhere O_2-Konzentration am Feuerraumende einstellen konnte.

Der Einfluss der Luftstufung am Brenner (MR Luftstufung) und die gezielte Verbrennungslufterhöhung an ausgewählten Brennern (MR Luftstufung und Erhöhung) bei gleichzeitiger Luftstufung an allen Brennern wurde in zwei weiteren Messreihen untersucht.

Tabelle 3 gibt eine Übersicht der durchgeführten Messreihen zur Verifizierung des Einflusses der Verbrennungsluftmenge und der Luftstufung auf die Wandatmosphäre und der dabei variierten Parameter.

Tabelle 3: Übersicht der durchgeführten Untersuchungen und der dabei variierten Parameter

Bezeichnung der Messreihe	Luftzahl λ	Maßnahme
Grundeinstellung	1,220	unveränderter Ausgangszustand
MR λ 1	1,228	Erhöhung der Gesamtverbrennungsluftmenge
MR λ 2	1,235	Erhöhung der Gesamtverbrennungsluftmenge
MR λ 3	1,242	Erhöhung der Gesamtverbrennungsluftmenge
MR λ 4	1,250	Erhöhung der Gesamtverbrennungsluftmenge
MR λ 5	1,257	Erhöhung der Gesamtverbrennungsluftmenge
MR λ 6	1,265	Erhöhung der Gesamtverbrennungsluftmenge
MR Luftstufung	1,250	Erhöhung des Stufenluftanteils auf 47 % der Brennerluftmenge
MR Luftstufung und Erhöhung	1,250	Erhöhung des Stufenluftanteils auf 47 % der Brennerluftmenge und Erhöhung der Verbrennungsluftmenge an ausgewählten Brennern

In Abbildung 27 sind die gemessenen O_2- und CO-Konzentrationen der Grundeinstellung in eine Kesselabwicklung eingetragen. Das ermöglicht eine räumliche Zuordnung der Messwerte. Um die hinsichtlich der Wandatmosphäre kritischen Messstellen hervorzuheben, wurden Messstellen

- mit O_2-Konzentrationen zwischen 0,5 und 1 Vol.% grau,
- mit O_2-Konzentrationen $\leq$ 0,5 Vol.% schwarz,
- mit CO-Konzentrationen von 2000-5999 ppm hellgrau und
- mit CO-Konzentrationen von 6000-10000 ppm schwarz hinterlegt.

Die Abwicklung zeigt die Positionen der Wandmessstellen von außen betrachtet. Die Wandmessstellen sind mit einem Punkt gekennzeichnet, rechts daneben befinden sich die Messstellenbezeichnung und darunter der zugehörige Messwert. Die O_2-Konzentrationen sind in Vol.-% und die CO-Konzentrationen in ppm angegeben.

Aus Abbildung 27 geht hervor, dass sich Wandmessstellen mit niedrigen O_2-Konzentrationen größtenteils in den Ecken des Feuerraumes befinden, insbesondere an der rechten Seitenwand im Bereich der Übergänge zur Vorder- und Rückwand. An diesen Positionen wurden erwartungsgemäß auch die höchsten CO-Konzentrationen gemessen. Bei Wandmessstellen, die sich auf Höhe der Brennerebenen befinden, wurden an Positionen mit O_2-Konzentrationen kleiner oder gleich 0,3 Vol.-% jeweils CO-Konzentrationen gemessen, die den Messbereich des eingesetzten CO-Messgerätes überschritten haben (> 9999 ppm).

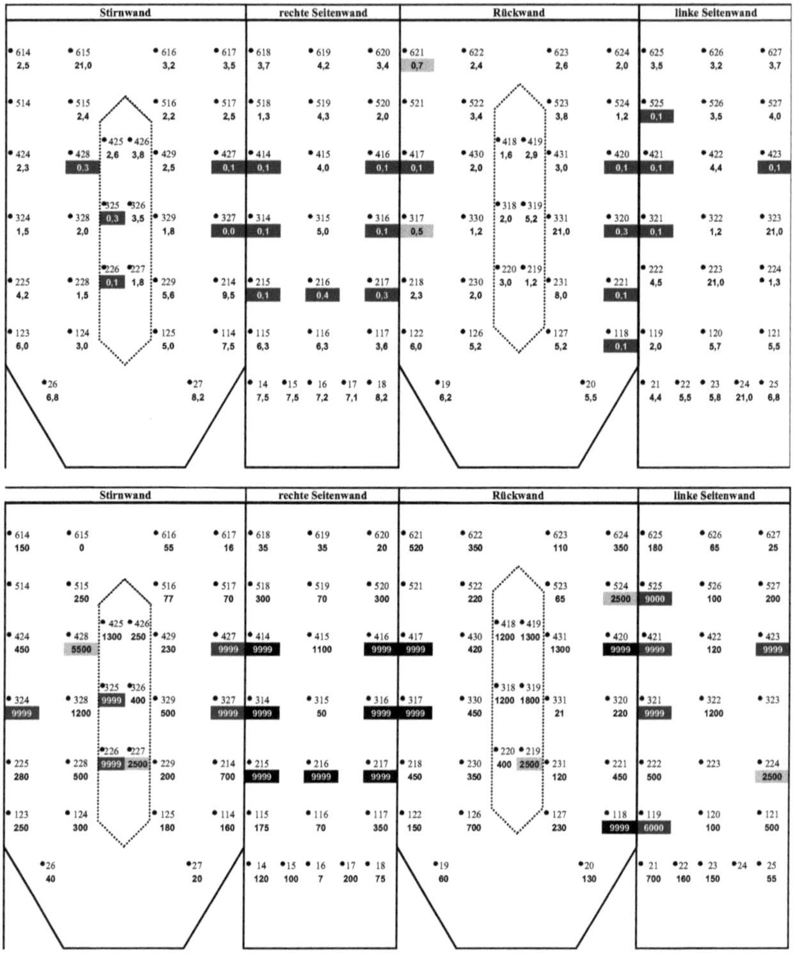

Abbildung 27: O_2- (als Vol.-%, oben) und CO-Konzentrationen (als ppm, unten) an den Feuerraumwänden bei einem Luftverhältnis von λ=1,22

An Positionen mit O_2-Konzentrationen größer 0,5 Vol.-% lagen die höchsten gemessenen CO-Werte unter 3500 ppm, und bei O_2-Konzentrationen ab 1 Vol.-% gingen die CO-Konzentrationen auf Werte unter 1000 ppm zurück.

Geringe Unterschiede bei den O_2-Konzentrationen im Bereich zwischen 0 und 1 Vol.-% bewirken große Unterschiede bei den CO-Konzentrationen.

An insgesamt 6 der 110 Messstellen konnten keine Gaskonzentrationen bestimmt werden, da die Öffnungen dieser Messstutzen verstopft waren. Eine mechanische Ertüchtigung dieser Messöffnungen war während des Betriebes aufgrund der Position am Feuerraum und der eingeschränkten Zugänglichkeit nicht möglich. Versuche, diese Öffnungen mit Druckluftstößen zu ertüchtigen, waren nicht erfolgreich. Lose anhaftende Aschepartikel, die sich im Bereich der Messstutzen und der Messgasschläuche absetzen, lassen sich auf diese Weise entfernen. Vor jeder Messung wurden die Messöffnungen mit Druckluftstößen beaufschlagt, um eventuell vorhandene Aschepartikel in Messgasschläuchen auszublasen.

Bei Messöffnungen, die nicht mittels Druckluftstößen freigeblasen werden können, ist die Ursache meist eine fest anhaftende Schlacke- bzw. Ascheschicht auf den Verdampferrohren im Bereich dieser Messöffnungen. Das kann auch ein Anzeichen für eine Berührung der Kohleflamme mit der Verdampferwand in diesem Bereich sein. Anbackungen jeglicher Art an Verdampferrohren im Feuerraum können Ausgangspunkt von Feuerraumkorrosion sein. Aus diesem Grund sind Messöffnungen, an denen aufgrund von verstopften Messöffnungen keine Gaskonzentrationen gemessen werden können, generell als „kritische Bereiche" zu bewerten.

Abbildung 28 zeigt die prozentuale Zuordnung der O_2-Messwerte in den einzelnen Konzentrationsbereichen bei einem λ-Wert von 1,22.

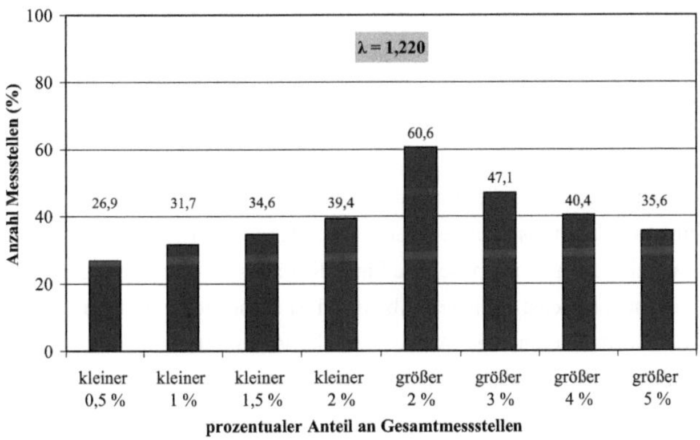

Abbildung 28: Anteil an Wandmessstellen mit gemessenen O_2-Konzentrationswerten in den zugeordneten Konzentrationsbereichen bei λ=1,22

4.4.1. Vergleich der Wandatmosphärenmessungen bei unterschiedlichem Luftüberschuss

Es wird erwartet, dass die Erhöhung der Gesamtverbrennungsluftmenge einen positiven Effekt auf die Wandatmosphäre in Form von höheren Sauerstoffkonzentrationen an den Feuerraumwänden zur Folge hat. Die Anhebung des Luftüberschusses erfolgt durch Erhöhung der Sekundärluftmenge. Dabei bleibt das Verhältnis von Mantel- und Stufenluftmenge unverändert.

Bewertungsgröße zur Feststellung des Einflusses auf die Wandatmosphäre ist die Anzahl an Wandmessstellen, an denen geringe O_2-Konzentrationen bzw. hohe CO-Konzentrationen vorhanden sind.

In Abbildung 29 sind die Ergebnisse der Wandatmosphäremessungen (MR λ 1 bis MR λ 6) bei unterschiedlichen Luftüberschussmengen dargestellt. Eine Anhebung des Luftüberschusses, quantifiziert durch die gemessene O_2-Konzentration am Feuerraumende und dem daraus berechneten λ-Wert, von 1,22 auf 1,228 führt zu einem Rückgang des Anteils an Wandmessstellen mit O_2-Konzentrationen kleiner 2 Vol.-%.

Bei weiterer Anhebung des Luftüberschusses nimmt ab einem λ-Wert von 1,25 die Anzahl an Wandmessstellen mit gemessenen O_2-Konzentrationen kleiner 0,5 Vol.-% stark ab, von 20,2 % bei λ=1,242 auf 13,5 % bei λ=1,25. Die Anzahl an Messstellen mit O_2-Konzentrationen größer 2 Vol.-% steigt dagegen nur geringfügig von 70,2 % auf 72,1 % an.

Die zusätzliche Verbrennungsluft, die bei einer Anhebung des Luftüberschusses von λ=1,242 auf λ=1,25 in den Feuerraum eingeblasen wird, mindert erheblich den Anteil an Bereichen mit reduzierender Atmosphäre. Die Anzahl an Messstellen mit O_2-Konzentrationen kleiner 0,5 Vol.-% wurde um die Hälfte reduziert. Eine weitere Erhöhung des Luftüberschusses bringt keine wesentliche Verbesserung der Wandatmosphäre mit sich. Die zusätzliche Überschussluft führt hauptsächlich zu einer Steigerung der Anzahl an Messstellen mit O_2-Konzentrationen größer 2 Vol.-% und nicht zu einer erhöhten Sauerstoffabdeckung der Feuerraumwände. Die Messungen der Wandatmosphäre bei unterschiedlichen Luftüberschüssen zeigen, dass die Wandatmosphäre bei der untersuchten Feuerung stark vom Luftüberschuss und damit von den Feuerungseinstellungen abhängt. Bei der Einstellung einer wirtschaftlich optimierten Feuerungseinstellung, die einerseits einen geringen Glühverlust und andererseits einen möglichst geringen Abgasverlust sicherstellt, darf im Hinblick auf eine mögliche Nichtverfügbarkeit der Anlage durch Verdampferkorrosion der Einfluss des Luftüberschusses auf die Wandatmosphäre nicht unberücksichtigt bleiben.

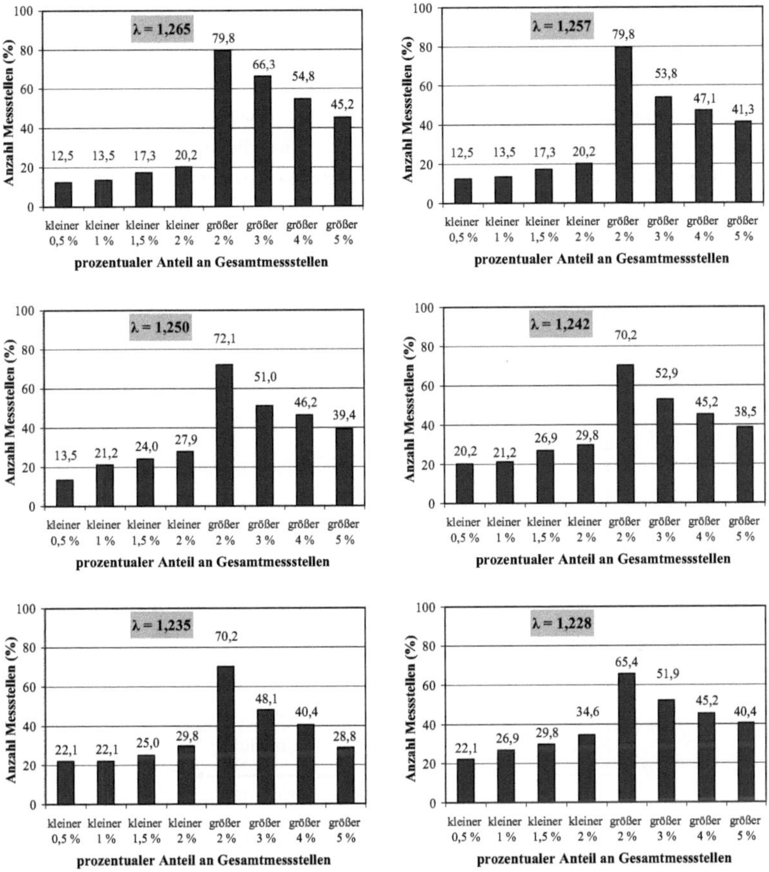

Abbildung 29: Vergleich der Wandatmosphäre bei unterschiedlichem Luftüberschuss

4.4.2. Einfluss der Luftstufung am Brenner auf die Wandatmosphäre

Die Feuerung des RDK7 wurde ursprünglich für einen niederflüchtigen Brennstoff ausgelegt. Zur sicheren Zündung der Kohle musste ein hoher Mantelluftanteil an der Verbrennungsluft eingestellt werden. Durch die inzwischen veränderte Brennstoffsituation aufgrund des Einsatzes von Importkohlen war es möglich, den Mantelluftanteil zu reduzieren. Der Mantelluftanteil an der Brennersekundärluft von vorher 64 % wurde auf den aus Gründen der Flammenstabilität minimal möglichen Wert von 53 % verringert. Der Stufenluftanteil wurde entsprechend erhöht, um die Brennersekundärluftmenge nicht zu verändern (s. Abbildung 30). Mit der Umsetzung dieser Maßnahme wurde eine primäre NO_x-Minderung von 219 mg/m^{3}i.N. bezogen auf 6 Vol.-% O_2 erzielt, das bedeutet eine jährliche Einsparung an Ammoniak von ca. 672 t [27].

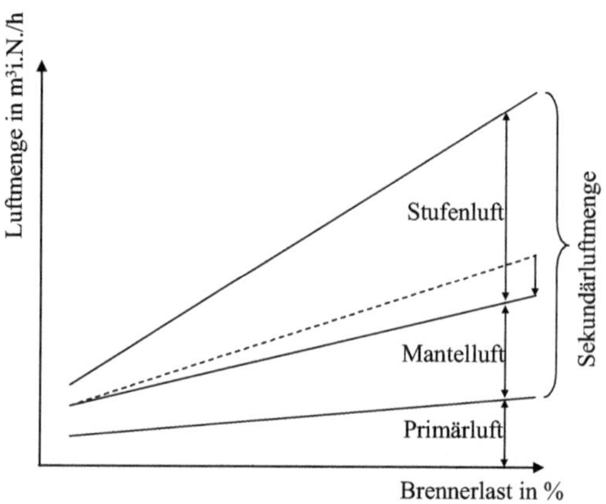

Abbildung 30: Darstellung der geänderten Luft-/Lastkurve

Abbildung 31 zeigt die gemessene Wand-Sauerstoffverteilung nach Erhöhung des Stufenluftanteils auf 47 % an den Brennern. Diese Erhöhung des Sekundärluftanteils führte zu einer nochmals verbesserten Sauerstoffverteilung an den Feuerraumwänden im Vergleich zum durch die Erhöhung des Luftverhältnisses auf λ=1,25 schon verbesserten Ausgangszustand. Die sprunghafte Verbesserung der Wandatmosphäre durch Erhöhung des Stufenluftanteils wird auf einen „Seitenwandluft-Effekt" der Stufenluftdüsen zurückgeführt. Gleichzeitig wird durch den reduzierten Mantelluftanteil die Flamme länger und schmäler. Durch die geringere radiale Ausdehnung der Flamme wird die Gefahr einer Berührung zwischen der Flamme und den Feuerraumwänden ebenfalls minimiert. Die Veränderung der Brennerluftaufteilung hin zu einem höheren Stufenluftanteil mit entsprechender Reduzierung der Mantelluftmenge hatte einen positiven Effekt sowohl auf die primäre NO_x-Bildung als auch auf die Gasatmosphäre an den Feuerraumwänden.

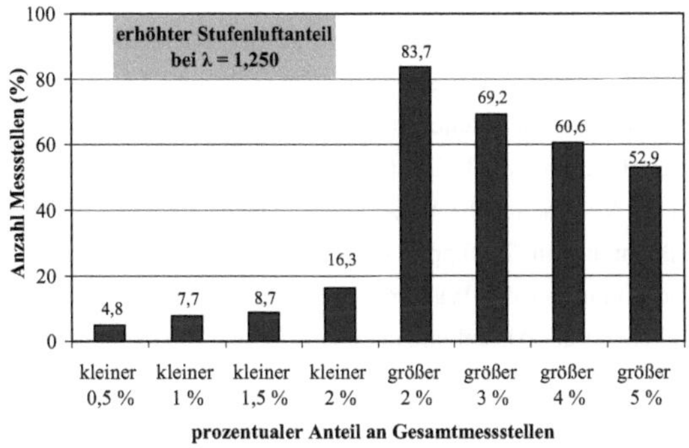

Abbildung 31: gemessene Wand-Sauerstoffverteilung bei erhöhter Stufenluft

4.4.3. Erhöhung der Verbrennungsluftmenge an ausgewählten Brennern

Die Fragestellung, ob und in welchem Umfang sich die Wandatmosphäre durch Erhöhung der Verbrennungsluftmenge einzelner Brenner verbessern lässt, wurde ebenfalls untersucht.

Die Erkenntnisse aus den vorangegangenen Untersuchungen zur Beeinflussung der Wandatmosphäre wurden vor diesem Versuch umgesetzt. Die Feuerung wurde mit einem Luftverhältnis von λ=1,25 betrieben und die Luftstufung an den Brennern wurde zu Gunsten eines höheren Stufenluftanteils (s. Kapitel 4.4.2) geändert. Für diese gegenüber dem Ausgangszustand optimierte Betriebsweise der Feuerung wurde zunächst der Ist-Zustand der Wandatmosphäre gemessen (s. Abbildung 32).

Anschließend wurden 4 Brenner[6] der linken Brennkammerhälfte ausgewählt (s. Abbildung 32) und an diesen die Sekundärluftmenge um 15 % angehoben. Die Auswahl der maximal 4 Brenner erfolgte auf Grund ihrer Zuordnung zu Wandmessstellen mit geringen O_2-Konzentrationen. Die ausgewählten Brenner befinden sich auf der zweiten und dritten Brennerebene der linken Brennkammerhälfte (Brenner 21, 22, 31 und 32). Während des Versuchs wurden an 12 Wandmessstellen, die sich im Einflussbereich der ausgewählten Brenner befinden (s. Abbildung 32), die O_2- und CO-Konzentrationen gemessen und aufgezeichnet.

Die Ergebnisse der Wandatmosphärenmessungen, die bei erhöhter Sekundärluft durchgeführt wurden, sind in Abbildung 33 dargestellt. Es zeigt sich, dass im Bereich der zweiten Brennerebene keine Steigerung der O_2-Konzentrationen bzw. Absenkung der CO-Konzentrationen an den Wandmessstellen mit dieser Maßnahme erreicht werden konnte.

[6] Aus regelungstechnischen Gründen durften maximal 4 Brenner aus 2 unterschiedlichen Brennerebenen aus dem automatischen Regelbetrieb genommen und manuell vertrimmt werden.

An den Wandmessstellen 323 und 328 der dritten Brennerebene konnte eine Verbesserung der Wandatmosphäre festgestellt werden. Insbesondere an der Wandmessstelle 323 stellte sich eine deutliche Zunahme der O_2-Konzentration von 0,1 auf 2,5 Vol.-% ein. Die CO-Konzentration an dieser Wandmessstelle ging von Konzentrationen größer 10000 ppm auf Konzentrationen unter 500 ppm zurück. Die O_2-Konzentration an der Wandmessstelle 328 ist nur geringfügig von 0,2 Vol.-% auf 0,3 Vol.-% angestiegen, die CO-Konzentration dagegen ist durch diese Maßnahme von 7000 ppm auf 3500 ppm zurückgegangen. Auf Höhe der vierten Brennerebene konnte an der Wandmessstelle 424 ebenfalls eine Erhöhung der O_2-Konzentration bei gleichzeitiger Absenkung der CO-Konzentration festgestellt werden.

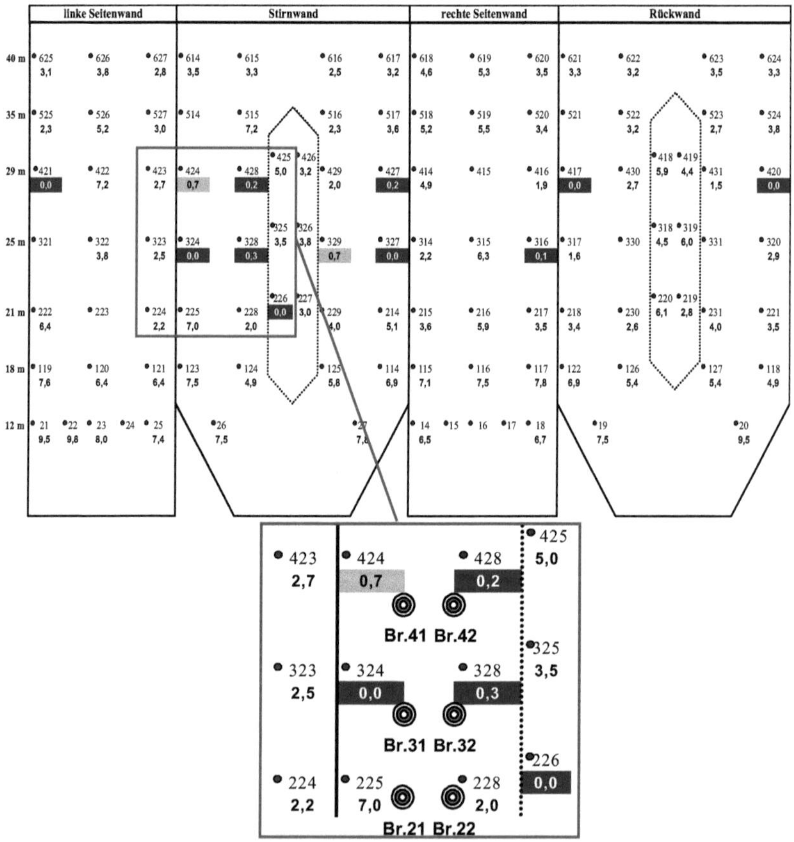

Abbildung 32: O_2-Konzentration an den Feuerraumwänden vor der Erhöhung der Sekundärluft der Brenner 21, 22, 31, und 32, bei einer Feuerungseinstellung entsprechend MR Luftstufung (s. Tabelle 3)

Die Ergebnisse zeigen, dass sich durch Steigerung der Verbrennungsluftmenge an einzelnen Brennern nicht nur der unmittelbare Nahbereich dieses Brenners beeinflussen lässt, sondern auch darüber liegende Bereiche beeinflusst werden können. Da die Erhöhung der Verbrennungsluftmenge an 4 Brennern gleichzeitig erfolgte, lassen sich die Veränderungen der gemessenen Wandkonzentrationen nicht direkt einzelnen Brennern zuordnen.

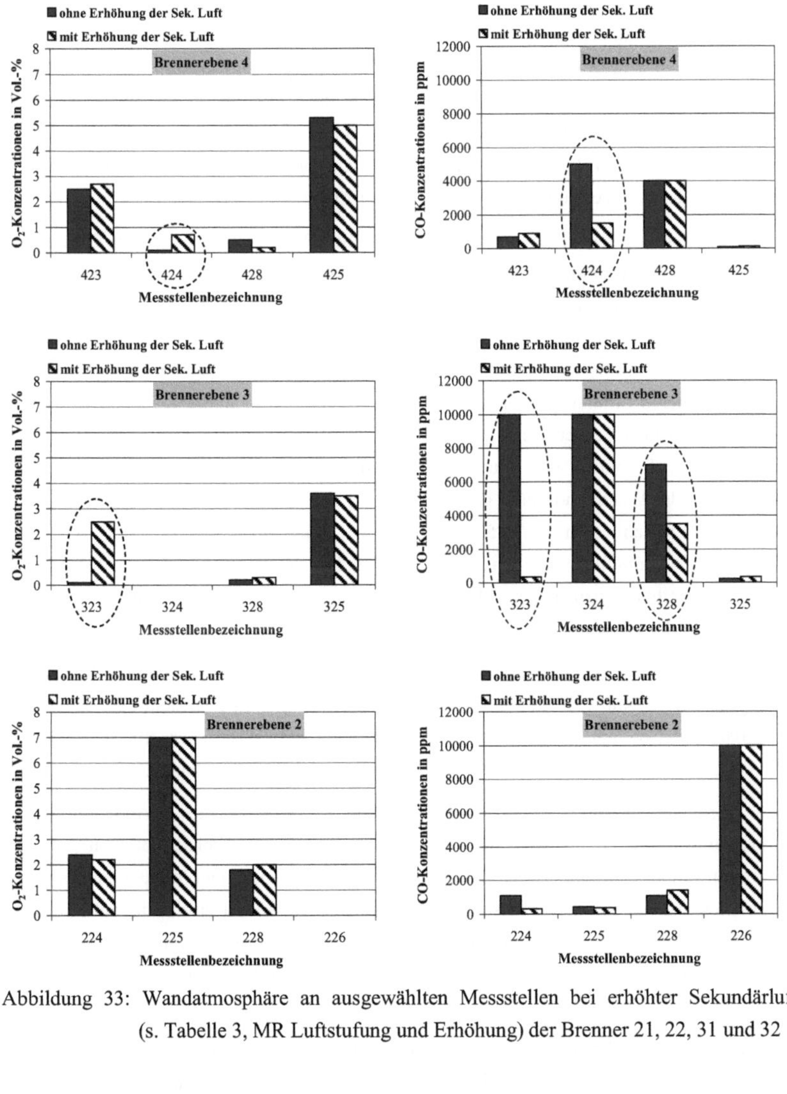

Abbildung 33: Wandatmosphäre an ausgewählten Messstellen bei erhöhter Sekundärluft (s. Tabelle 3, MR Luftstufung und Erhöhung) der Brenner 21, 22, 31 und 32

4.4.4. Zusammenfassung und Bewertung der Maßnahmen zur Beeinflussung der Wandatmosphäre

Die Ist-Aufnahme der Wandatmosphäre ergab, dass an einigen Wandmessstellen, die sich im Nahbereich der Brenner befinden, die Messwerte einzelner Messreihen stark schwanken. Die Ursache dieser Schwankungen wird in einer ungleichmäßigen Brennstoffzufuhr vermutet.

An der linken Seitenwand waren drei Wandmessstellen nicht verfügbar, messtechnisch kann zu diesem Bereich keine Aussage gemacht werden. Diese Positionen wurden bei der weiteren Betrachtung und Bewertung nicht berücksichtigt, aber dennoch als kritisch hinsichtlich einer möglichen Feuerraumkorrosion angesehen. Dies begründet sich darauf, dass nicht verfügbare Wandmessstellen mit Asche- oder Schlackeablagerungen zugesetzt sind. Im Bereich solcher Ablagerungen auf den Feuerraumwänden, die nicht durch zyklische Russblasevorgänge beseitigt werden, kann es zu Korrosion unter diesen Ablagerungen kommen (s. Kapitel 2.5.7).

Die Untersuchungen haben gezeigt, dass der Luftüberschuss einen erheblichen Einfluss auf die Sauerstoffkonzentrationen an den Feuerraumwänden hat. Ab einer Luftzahl von λ=1,25 nimmt die Anzahl an Wandmessstellen mit O_2-Konzentrationen kleiner 0,5 Vol.-% stark ab. Bei einer weiteren Erhöhung des Luftüberschusses nimmt in erster Linie die Anzahl an Wandmessstellen mit O_2-Konzentrationen größer 2 Vol.-% zu. Der zusätzliche Sauerstoff, der mit einer weiteren Erhöhung des Luftüberschusses in den Feuerraum eingebracht wird, führt bei der untersuchten Betriebsweise aufgrund der Sauerstoffverteilung im Feuerraum nicht zu einer weiteren Erhöhung der Sauerstoffkonzentrationen an den Feuerraumwänden. Die Möglichkeit, die Wandatmosphäre durch Anhebung des Luftüberschusses zu verbessern, ist bei einer Luftzahl von λ=1,25 ausgeschöpft. Für eine weitere Steigerung der Sauerstoffkonzentrationen an den Feuerraumwänden ist eine Vergleichmäßigung der Sauerstoffverteilung anzustreben. Mit der Anhebung der Stufenluft konnte eine weitere Verbesserung der Wandatmosphäre erzielt werden.

Die Ergebnisse zeigen auch, dass sich bestimmte Bereiche der Wandatmosphäre durch Erhöhung der Gesamtverbrennungsluftmenge sowie durch eine gezielte Erhöhung der Sekundärluftmenge am Einzelbrenner optimieren lassen, dass aber mit Hilfe dieser Maßnahme nicht alle Bereiche der Wandatmosphäre erreicht werden können.

Die Erhöhung der Verbrennungsluftmenge, bzw. die Änderung der Verbrennungsluftverteilung mit dem Ziel höherer Sauerstoffkonzentrationen an den Feuerraumwänden ist eine geeignete Maßnahme, um schnell und ohne nennenswerten technischen Aufwand eine Verbesserung der Wandatmosphäre zu erreichen. Zur Erzielung einer nachhaltigen Verbesserung der Wandatmosphäre ist es notwendig, die Ursachen der zu geringen Sauerstoffkonzentrationen zu identifizieren und darauf abgestimmte Maßnahmen zu erarbeiten.

Als eine mögliche Ursache für die unzureichenden Sauerstoffkonzentrationen an den Feuerraumwänden wird eine Ungleichverteilung des Kohlenstaubes auf die Einzelbrenner vermutet. Zur Verifizierung dieser Annahme wurden umfangreiche Kohlenstaubmessungen an den 32 Staubleitungen der Brenner durchgeführt (s. Kapitel 5).

4.5. Wanddickenmessungen an den Flossenrohren des Verdampfers

Der bei den Wandatmosphäremessungen festgestellte Sauerstoffmangel an einigen Bereichen der Verdampferwand ist ein Hinweis auf mögliche Feuerraumkorrosion. Zur Überprüfung, ob es in der Vergangenheit zu korrosionsbedingten Materialabzehrungen an den Verdampferrohren kam, wurden während eines geplanten Anlagenstillstandes Wanddickenmessungen durchgeführt.

Die Messungen der Wanddicke erfolgten wie in Abbildung 34 dargestellt an 8 Positionen rund um die Wandmessöffnungen. Bei 110 Wandmessstellen ergibt das 880 Messpunkte. Das sich so ergebende Raster wurde an einigen Stellen noch verfeinert, so dass an insgesamt über 1000 Messpunkten Wanddickenmessungen erfolgten.

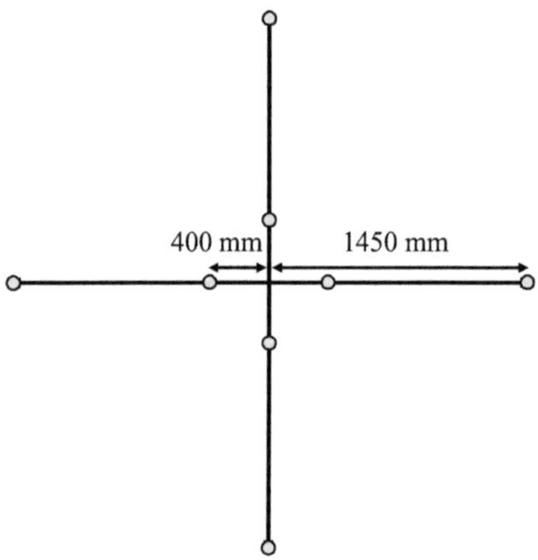

Abbildung 34: Anordnung der Messpunkte

In Abbildung 35 sind die gemessenen Wanddicken an den verschiedenen Bereichen der Feuerraumwände grafisch dargestellt. Materialabzehrungen wurden ab der zweiten Brennerebene auf Feuerraumhöhe 19 m bis oberhalb der vierten Brennerebene bei 33 m festgestellt.

Die stärksten Materialabzehrungen befanden sich an der linken und rechten Seitenwand zwischen der zweiten und vierten Brennerebene. In diesen Bereichen befanden sich dunkle und fest haftende Beläge mit einer offenporigen Struktur auf den Verdampferrohren. Der vorgefundene Belag lässt darauf schließen, dass die Flammen benachbarter Brenner bis an die Wand reichen, und so Kohlepartikel an die Oberfläche der Verdampferrohre transportiert werden und teilweise dort abbrennen. Wird beim Abbrennen der Kohlepartikel in Wandnähe der vorhandene Sauerstoff vollständig umgesetzt, entsteht eine reduzierende Atmosphäre, die einen korrosiven Angriff begünstigt.

Abbildung 36 zeigt eine graphische Darstellung gemessener CO- und O_2-Konzentrationen, die Farben von blau über grün, gelb bis rot entsprechen O_2-Konzentrationen von 9 Vol.-% bis 0 Vol.-%, bzw. CO-Konzentrationen von 0 bis 8999 ppm. Dargestellt ist ein Betriebszustand wie er vor der Optimierung der Feuerungseinstellungen eingestellt war. Die Wandatmosphäremessung erfolgte bei einer Luftzahl von λ=1,20. Im Bereich der Rückwand und der linken Seitenwand waren 6 der 110 Messöffnungen nicht nutzbar. An diesen

Positionen wurden von der Visualisierungssoftware Werte durch Interpolation der angrenzenden Messwerte gebildet und in der graphischen Darstellung übernommen.

Die Bereiche mit erhöhter Materialabzehrung decken sich größtenteils mit den Bereichen, an

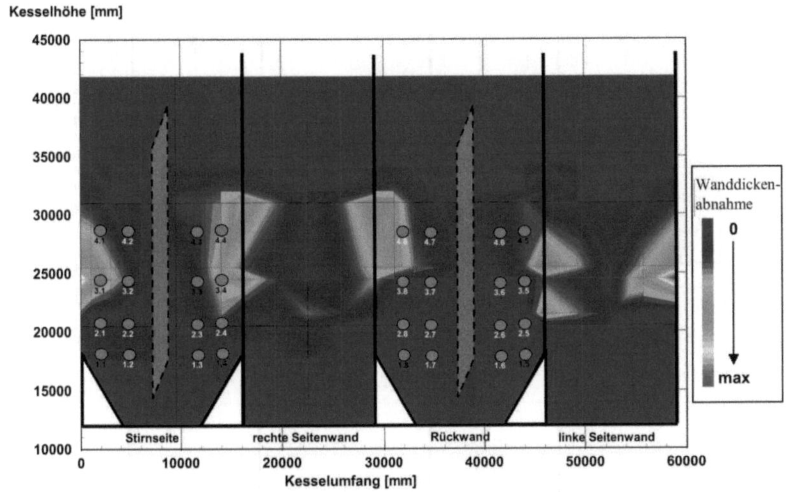

Abbildung 35: Während der Revision im Jahr 2005 gemessene Rohrwanddicken

denen geringe O_2-Konzentrationen bzw. hohe CO-Konzentrationen festgestellt wurden.

Beim Vergleich der festgestellten Abzehrungen und der gemessenen O_2- und CO-Konzentrationen muss berücksichtigt werden, dass sich die Materialabzehrungen über einen längeren Zeitraum vollzogen haben, während es sich bei den dargestellten O_2- und CO-Konzentrationen um Momentaufnahmen handelt. Die gute räumliche Übereinstimmung zwischen Wandabzehrung und gemessenen O_2-Konzentrationen lässt aber darauf schließen, dass der gemessene Zustand repräsentativ für die Betriebsweise der Feuerung vor der Optimierung ist.

Die Ergebnisse bestätigen, dass die Kontrolle der Wandatmosphäre ein geeignetes Mittel darstellt, um während des Betriebes Bereiche mit erhöhtem Korrosionspotenzial zu identifizieren und ggf. darauf zu reagieren. Aufgrund dessen, dass an der untersuchten Feuerung bisher keine Wandstärkemessungen in diesem Umfang und an den gemessenen Positionen durchgeführt wurden, kann keine Aussage über die Abzehrungsrate gemacht werden.

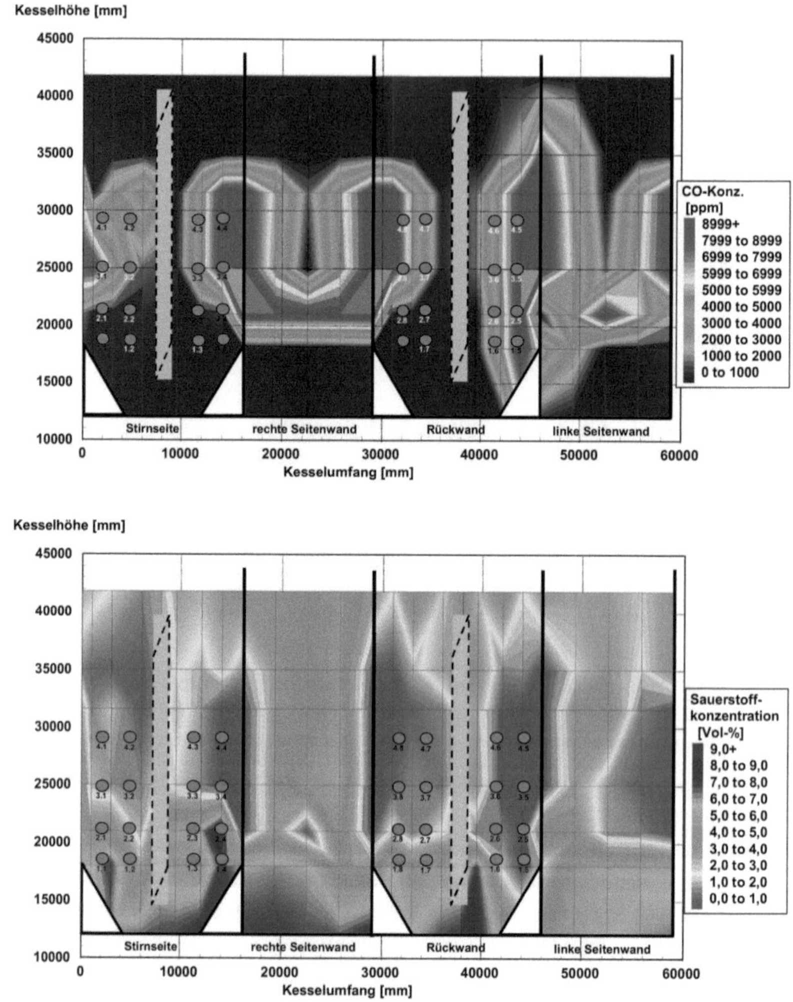

Abbildung 36: Darstellung der gemessenen CO-Konzentrationen (oben) und der O_2-Konzentrationen (unten) bei λ=1,22 (Grundeinstellung, s. Tabelle 3)

Materialabzehrungen wurden ausschließlich an Bereichen festgestellt, die bei allen durchgeführten Messreihen dauerhaft niedrige O_2-Konzentrationen aufwiesen. Die Bereiche des Feuerraumes, an denen O_2-Konzentrationen größer 1 Vol.-% gemessen wurden, wiesen keine Materialabzehrungen auf. Das gilt auch für die Messpositionen, an denen starke

Schwankungen der O_2-Konzentrationen festgestellt wurden, selbst wenn die O_2-Konzentrationen zeitweise bis auf 0 Vol.-% zurückgingen.

Die Ergebnisse der Wanddickenmessungen zeigen die Notwendigkeit auf, die Wandatmosphäre regelmäßig zu kontrollieren, insbesondere die Bereiche, an denen Abzehrungen festgestellt wurden.

5. Ergebnisse der Kohlenstaubmessungen

Die Ergebnisse der Wandatmosphäremessungen zeigen, dass sich Bereiche mit niedrigen O_2-Konzentrationen und Wandmessstellen mit stark schwankenden O_2-Konzentrationen im Nahbereich und damit im direkten Einflussbereich der Brenner befinden. Zur Verifizierung eines möglichen Einflusses der Kohlenstaubverteilung und der Korngrößenverteilung auf die Zusammensetzung der Wandatmosphäre wurden diese Parameter an den 32 Kohlenstaubleitungen messtechnisch ermittelt und die Güte der Kohlenstaubverteilung auf die Einzelbrenner bestimmt.

Randbedingungen während der Kohlenstaubmessungen

Während des Messzeitraumes wurde die untersuchte Mühle auf manuelle Betriebsweise umgestellt. Dadurch konnte ein Eingreifen der Regelautomatik vermieden und die Versuchsbedingungen konstant gehalten werden. Gleichermaßen wurde während der Messung eine einheitliche Kohle eingesetzt.

Die Kohlenstaubmessungen mittels SMG10-Messgerät (s. Kapitel 3.4.2) wurden an allen 32 Kohlenstaubleitungen des RDK7 mehrfach durchgeführt. Die bei der isokinetischen Absaugmessung erhaltenen Kohlenstaubproben wurden im Labor hinsichtlich der Korngrößenverteilung analysiert.

5.1. Gemessene Kohlenstaubverteilungen

Die Ergebnisse der mit dem SMG10-Messgerät durchgeführten Messungen sind in den folgenden Diagrammen dargestellt. Die Diagramme zeigen die prozentualen Abweichungen der Kohlenstaubmengen und der Traggasgeschwindigkeiten vom Mittelwert der acht Leitungen einer Mühle. Die gemessenen Verteilungen der Kohlenstaubmenge und der mittleren Tragluftgeschwindigkeit in den Leitungen der Mühle 10 (s. Abbildung 37) ergeben keinen eindeutigen Zusammenhang zwischen der Kohlenstaubmenge und der Tragluftgeschwindigkeit in einer Leitung. Eine höhere Tragluftgeschwindigkeit und damit eine größere Tragluftmenge bedeutet nicht automatisch, dass auch ein größerer Kohlenmassenstrom transportiert wird. An den Leitungen 4[7] und 5 wurden die maximalen und minimalen Kohlenstaubmengen bei nahezu identischen Tragluftmengen gemessen.

[7] Die Bezeichnung der Kohlenstaubleitung orientiert sich an der Bezeichnung des Brenners der von dieser Kohlenstaubleitung versorgt wird. Kohlenstaubleitung 1 der Mühle 10 versorgt demnach Brenner 1 der Mühle 10 (s. Abbildung 12).

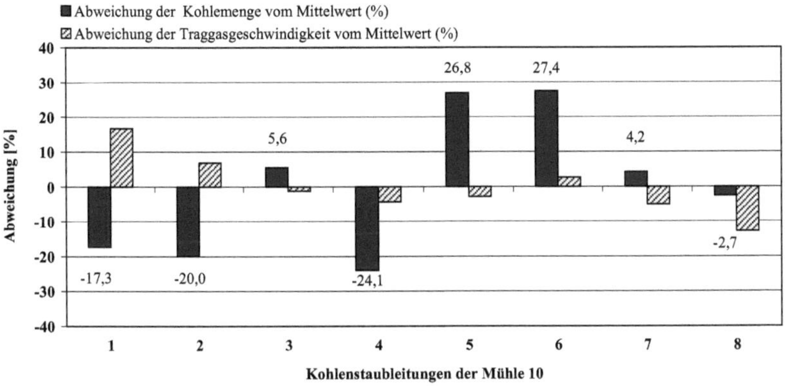

Abbildung 37: Abweichungen der Kohlenstaubmengen und der Traggasgeschwindigkeiten vom Mittelwert in den Staubleitungen der Mühle 10

In den folgenden Abbildungen sind die Messergebnisse der Kohlenstaubmessungen der weiteren Mühlen des RDK7 dargestellt. An allen Brennerebenen waren Ungleichverteilungen der Kohlenstaubmenge auf die Einzelbrenner festzustellen. Die Kohlenstaubmengen an den einzelnen Brennerleitungen lagen zwischen 3,6 t/h (Minimum) und 6,62 t/h (Maximum).

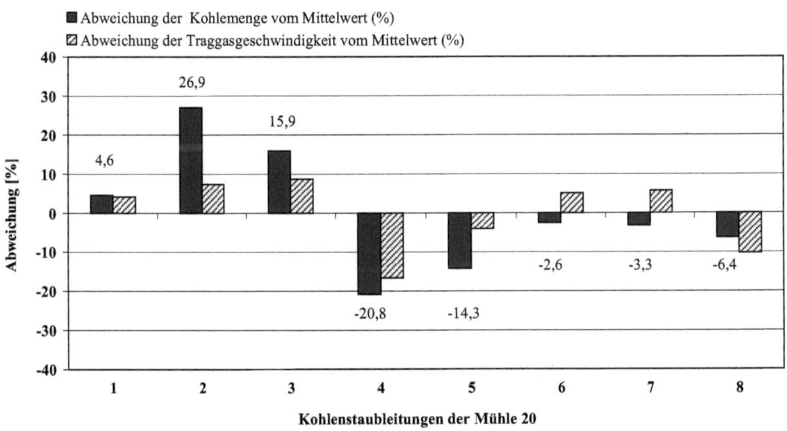

Abbildung 38: Abweichungen der Kohlenstaubmengen und der Traggasgeschwindigkeiten vom Mittelwert in den Staubleitungen der Mühle 20

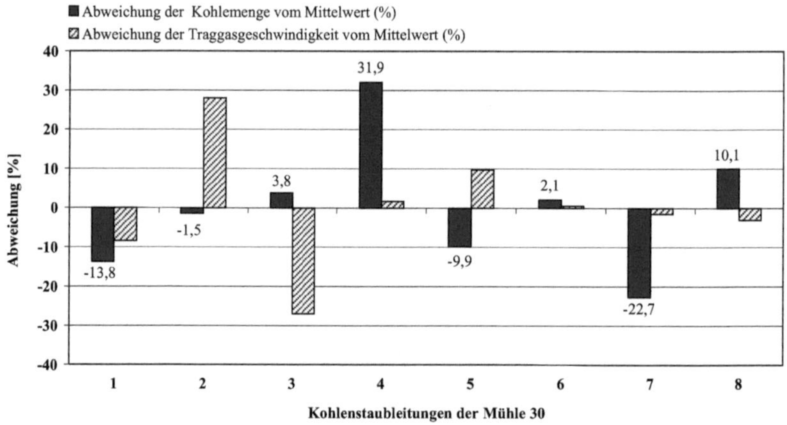

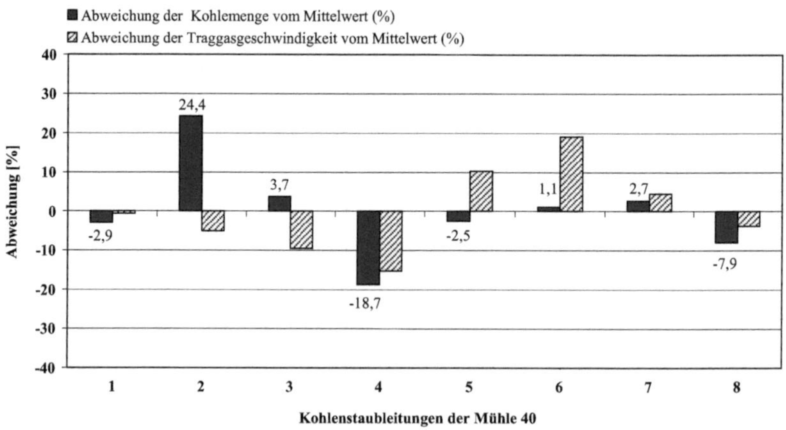

Abbildung 39: Abweichungen der Kohlenstaubmengen und der Traggasgeschwindigkeiten vom Mittelwert in den Staubleitungen der Mühlen 30 und 40

Die gemessenen Verteilungen entsprechen damit den in der theoretischen Betrachtung (s. Kapitel 3.1.3) ermittelten Werten bei einer durchschnittlichen Abweichung von +/- 5 % je Verteilerstufe. Die Kohlenstaubverteilungen auf die Einzelbrenner in den einzelnen Brennerebenen variieren stark und sind das Ergebnis einer unterschiedlichen Verteilungsgüte in den zugehörigen Verteilerstufen.

Die festgestellten Schieflagen der Kohlenstaubverteilung beruhen jedoch nicht immer auf einer einheitlichen Fehlverteilung aller Zwangsverteiler, sondern auf partiell extremer Ungleichverteilung einzelner Verteilerstufen. Teilweise werden die Verteilungsschieflagen von einer einzigen der insgesamt sieben Verteilerstufen einer Mühle verursacht.

5.2. Reproduzierbarkeitsmessungen an den Leitungen der Mühle 20

An den Leitungen der Mühle 20 wurden Wiederholungsmessungen durchgeführt, um die Verlässlichkeit der Messdaten zu verifizieren. Die Messung 3 (MR3) wurde bei höherem Kohledurchsatz (Erhöhung um 3,5 t/h) als die Messungen 1 (MR1) und 2 (MR2) durchgeführt (s. Abbildung 40).

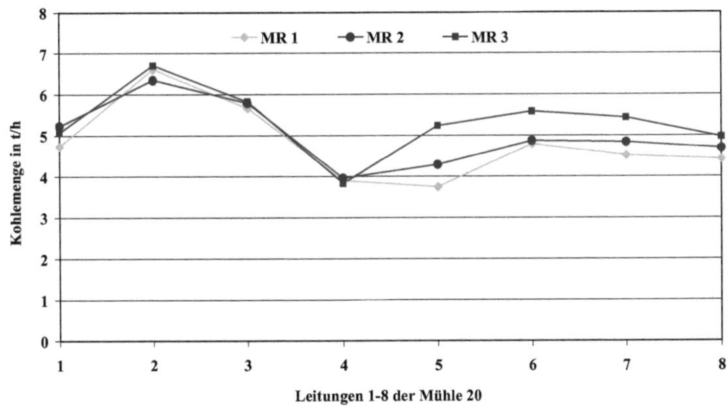

Abbildung 40: Reproduzierbarkeitsmessungen an den Leitungen der Mühle 20

Die Brenner der Vorderseite (Leitungen 1-4) erhalten in allen Fällen gleich viel Kohle. Die höhere Beaufschlagung der Mühle während Messung 3 führt zu einer gleichmäßigeren Verteilung der Kohle auf Vorderwand (Leitung 1-4) und Rückwand (Leitung 5-8) durch eine höhere Kohlemenge auf der Rückseite der Feuerung. Die Messungen 1 und 2 erfolgten bei gleichen Mühleneinstellungen (Mühlenlast, Brennstoffmenge). Die gemessenen Werte bestätigen eine gute Reproduzierbarkeit und damit eine verlässliche Messung. Die Reproduzierbarkeitsmessungen wurden in einem Zeitraum von drei Monaten durchgeführt. In diesem Zeitraum hat sich die Verteilung der Kohle auf die Kohlenstaubleitungen der untersuchten Mühle nicht verändert.

In Abbildung 41 ist dargestellt, wie es zu der festgestellten Abweichung der Kohlenstaubverteilung bei unterschiedlicher Last kommen kann. Tritt der Kohlenstaub in Form einer Strähne und nicht gleichmäßig verteilt über den gesamten Querschnitt in die Verteilerstufe ein, werden nicht alle Verteilertaschen des Zwangsverteilers mit Kohlenstaub beaufschlagt (vgl. Abbildung 6). Wird eine ungerade Anzahl von Verteilertaschen mit dem Hauptkohlenmassenstrom beaufschlagt, erfolgt eine unsymmetrische Aufteilung auf die zwei anschließenden Kohlenstaubleitungen. Minimieren lässt sich dieser Einfluss, wenn die Breite der Verteilertaschen möglichst gering gewählt wird. Bei kleinerer Breite der Verteilertaschen können mehr Verteilertaschen auf gleichem Eintrittsquerschnitt eines Zwangsverteilers untergebracht werden. Dadurch werden allerdings der Druckverlust der Verteilerstufen und der Materialverschleiß erhöht. Die bauliche Ausführung stellt somit einen Kompromiss zwischen „guter Verteilung“ und möglichst geringem Druckverlust und Materialverschleiß dar.

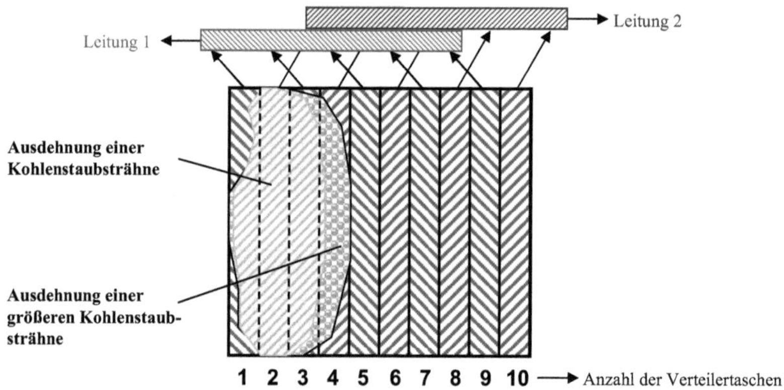

Abbildung 41: Schema der Kohlenstaubverteilung in einer Zwangsverteilerstufe

5.3. Kohlenstaubverteilung in den einzelnen Verteilerstufen der Zwangsverteiler

In Abbildung 42 ist am Beispiel der Mühle 20 dargestellt, wie bei der im RDK7 installierten Verschaltung der Verteiler durch Summenbildung der Einzelmessungen (Kohlemenge je Leitung) die Verteilungsgüte jedes einzelnen Verteilers bestimmt wurde.

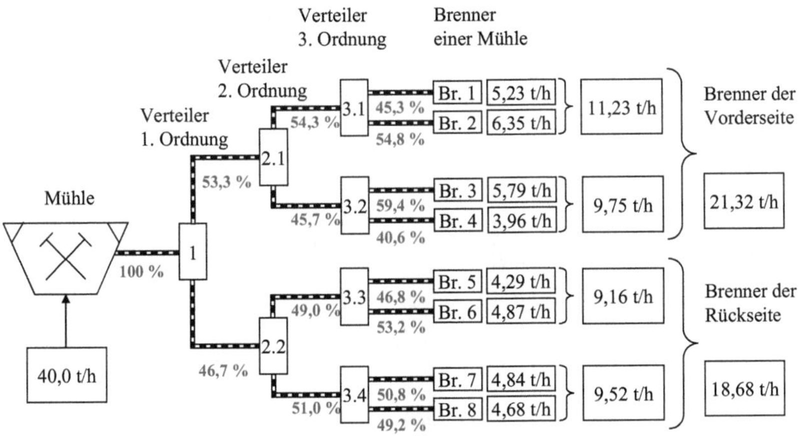

Abbildung 42: Darstellung der Kohleaufteilung und der Bestimmung der Verteilungsgüte der einzelnen Verteiler am Beispiel der Mühle 20

Aus der obigen Abbildung ist ersichtlich, wie es zu der gemessenen Schieflage der Kohleverteilung kommt. Die erste Verteilerstufe (Verteiler 1. Ordnung) teilt den eintretenden Kohlenmassenstrom im Verhältnis **53,3 : 46,7** auf. Bei der vorhandenen Verschaltung erhalten die Brenner der Vorderwand (Brenner 1-4) 2,65 t/h mehr Kohle als die Brenner der Rückwand (Brenner 5-8).

Anhand der gemessenen Kohlenstaubmengen in den Staubleitungen der Brenner 2 und 4 ist ersichtlich, wie sich die Ungleichverteilungen der einzelnen Stufen addieren. Brenner 2 erhält aus jeder Verteilerstufe den größeren Anteil, während Brenner 4 aus den letzten beiden Verteilerstufen den jeweils kleineren Kohlenstaubanteil erhält. Das führt zu einer Kohlenstaubmenge am Brenner 2, die 60 % über der Kohlenstaubmenge des Brenners 4 liegt.

5.4. Ermittelte Korngrößenverteilung in den einzelnen Staubleitungen

Die Siebanalysen der mittels SMG10-Messgerät isokinetisch abgesaugten Kohlenstaubproben sind in den folgenden Abbildungen dargestellt. Abbildung 43 zeigt die ermittelten Siebrückstände auf dem 90 µm- und dem 200 µm-Sieb für die Kohlenstaubproben der Mühle 10. Bei den Kohlenstaubproben der Leitungen 5-8 wurde eine gröbere Ausmahlung festgestellt als bei den Proben der Leitungen 1-4. Die ermittelte Kohlenstaubverteilung auf die 8 Leitungen der Mühle 10 (s. Abbildung 44) zeigt eine starke Ungleichverteilung in der ersten

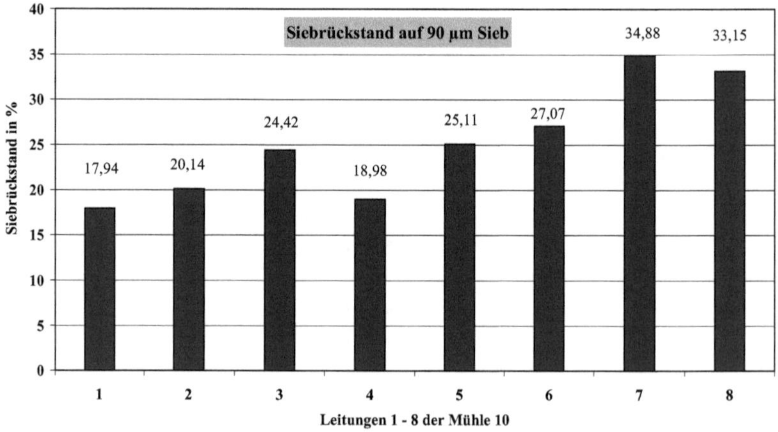

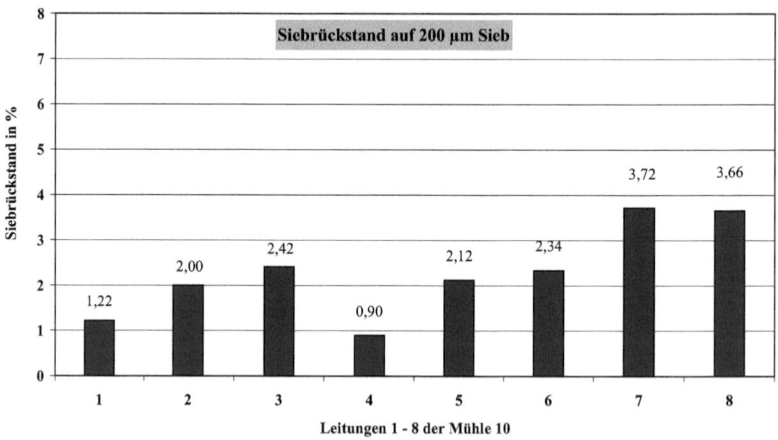

Abbildung 43: Siebrückstände auf dem 90 µm- und dem 200 µm-Sieb der Kohlenstaubproben von der Mühle 10

Verteilerstufe (42,52 : 57,48), die Leitungen 5-8 erhalten mehr Kohlenstaub als die Leitungen 1-4 bei einer gleichzeitig gröberen Ausmahlung.

Die Kohlenstaubprobe der Leitung 4 wies die geringsten Siebrückstände auf, sowohl auf dem 90 µm- als auch auf dem 200 µm-Sieb. An dieser Leitung wurde auch der niedrigste Kohlendurchsatz dieser Mühle gemessen. Die Kohlenstaubprobe der Leitung 3 wies eine wesentliche gröbere Ausmahlung bei einem höheren Kohlenmassenstrom auf. Die benachbarten Leitungen 3 und 4 stammen aus derselben Verteilerstufe 3.2 (s. Abbildung 42), die Korngrößenseparation und Kohlenstaubungleichverteilung wird daher in dieser Verteilerstufe generiert (s. Abbildung 44).

Insgesamt zeigen die Untersuchungen, dass Kohlenstaubleitungen mit hoher Kohlenstaubbeladung auch einen höheren Grobkornanteil aufweisen. Zu einer deutlichen Partikelklassenseparation kam es insbesondere bei großen Abweichungen in der Kohlenstaubverteilung der entsprechenden Verteilerstufen.

Die Ergebnisse der Siebanalysen aller Kohlenstaubproben sind im Anhang tabellarisch dargestellt.

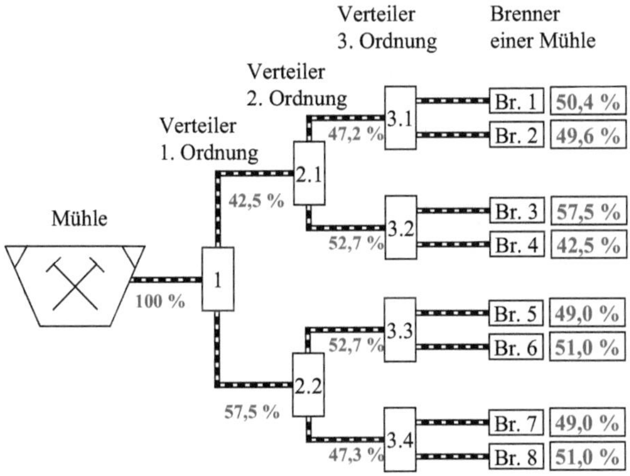

Abbildung 44: Prozentuale Kohleverteilung in den Zwangsverteilern der Mühle 10

5.5. Auswertung der kontinuierlichen Messdaten des MIC-Messsystems

Die berührungsfreie, kontinuierliche Online-Kohlenstaubmesstechnik (s. Kapitel 3.4.2) ermöglicht im Gegensatz zur diskontinuierlichen Kohlenstaubabsaugmessung eine zeitgleiche Betrachtung des zeitlichen Verlaufs der Kohlenstaubförderung in allen Leitungen. Die Positionen der MIC-Sensoren sind in den gleichen Kohlenstaubleitungsabschnitten installiert wie die Messöffnungen für die diskontinuierliche Kohlenstaubmessung (s. Abbildung 20).

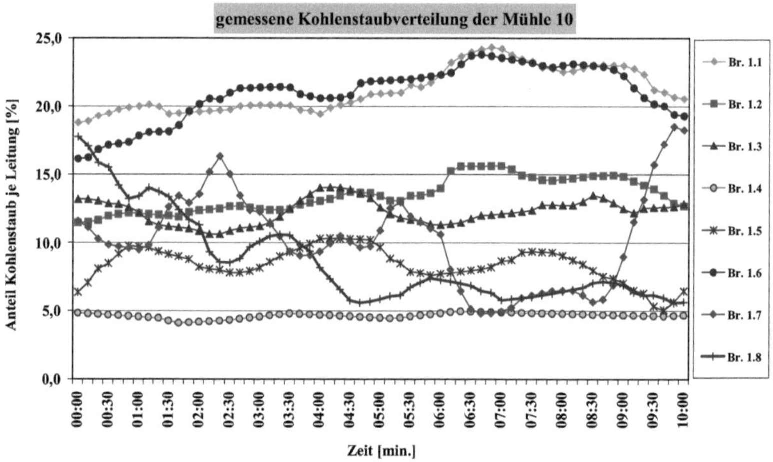

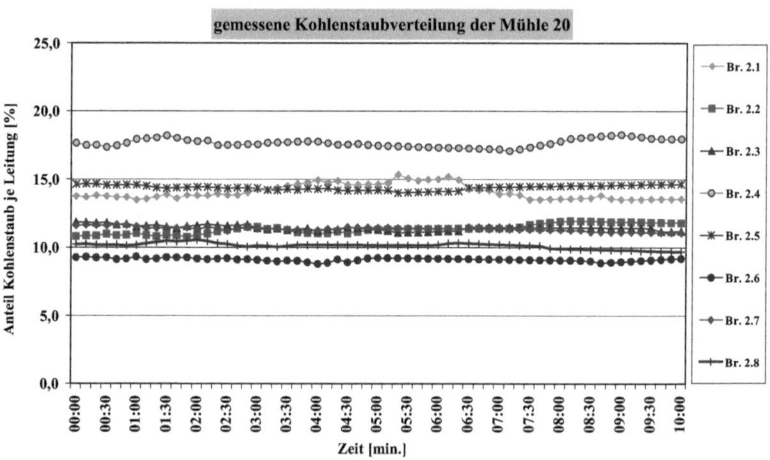

Abbildung 45: Zeitlicher Verlauf der Kohlenstaubverteilung der Mühlen 10 (oben) und 20 (unten)

Abbildung 45 zeigt den zeitlichen Verlauf der mittels MIC-Online-Kohlenstaubmesstechnik gemessenen Kohlenstaubverteilungen der Mühlen 10 und 20. Die Messwerte zeigen für die Leitungen der Mühle 20 eine nahezu konstante Kohlenstaubmenge in den Leitungen an, die Messwerte an den Leitungen der Mühle 10 weisen dagegen größere Schwankungen in der Kohlenstaubverteilung auf die einzelnen Leitungen auf. Ebenso verhält es sich an den Leitungen der Mühlen 30 und 40.

Die an den waagrechten Leitungen gemessenen Kohlenstaubverteilungen der Mühlen 10 und 30 schwanken teilweise erheblich, während die an den senkrechten Leitungen der Mühlen 20 und 40 gemessenen Verteilungen zeitlich nahezu konstant sind. Abbildung 46 zeigt die Schwankungsbreite der gemessenen Kohlenstaubverteilung auf die jeweils 8 Kohlenstaubleitungen der Mühlen 10, 20, 30 und 40. Der Grund für die gemessenen Unterschiede wird in einer teilweisen Entmischung der Zweiphasenströmung durch den Einfluss der Schwerkraft vermutet. Das kann dazu führen, dass bei zu geringer Tragluftgeschwindigkeit oder zu hoher Beladung sich Kohlenstaubpartikel am Boden der Staubleitung absetzen und zu einem instabilen Förderzustand (Dünen- oder Ballenförderung) führen.

Diese ungleichmäßige Kohlezufuhr zu den Brennern lässt sich auch optisch als Pulsieren der Flamme erkennen. Die Messergebnisse der Online-Kohlenstaubverteilung unterstützen die Annahme (s. Kapitel 4.2), dass die gemessenen Schwankungen der Sauerstoffkonzentrationen auf einer ungleichmäßigen Brennstoffzufuhr beruhen.

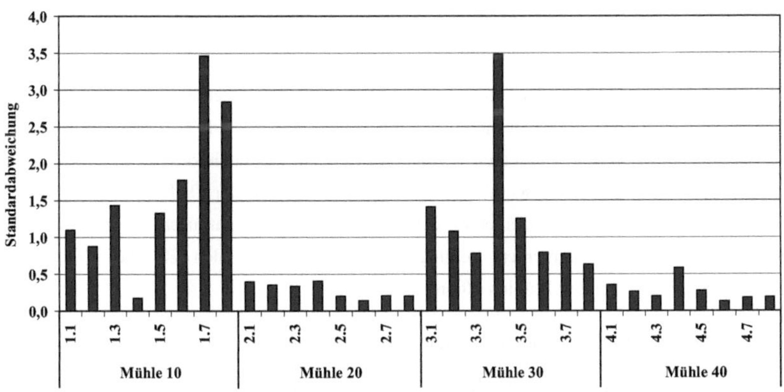

Abbildung 46: Schwankungsbreite der Kohlenstaub-Online-Messung (MIC) an den Kohlenstaubleitungen der Mühlen 10, 20, 30 und 40

5.5.1. Auswirkungen schwankender Kohlenstaubförderung auf die Wandatmosphäre

In Abbildung 47 ist über einen Zeitraum von 30 Minuten das MIC-Messsignal der Staubleitung des Brenners 4 der Mühle 20 dargestellt sowie der O_2-Konzentrationsverlauf der diesem Brenner nächstgelegenen Wandmessstelle 215. Der Vergleich zwischen dem MIC-Messsignal und der gemessenen O_2-Konzentration zeigt einen ähnlichen zeitlichen Verlauf. Weiterhin ist zu erkennen, dass die Sekundärluftmenge an diesem Brenner zeitlich nahezu

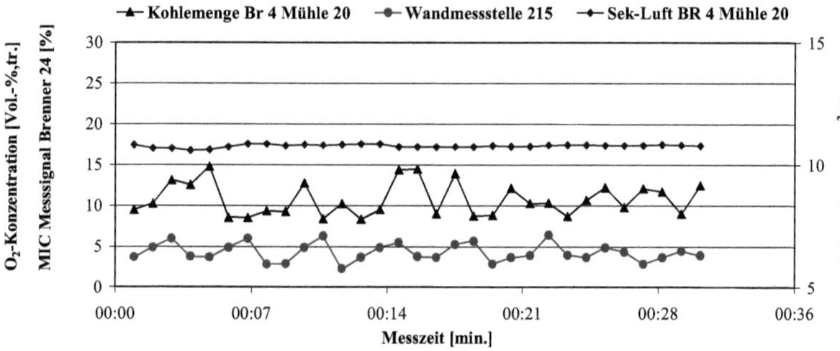

Abbildung 47: Zeitlicher Verlauf des MIC-Messsignals an der Staubleitung des Brenners 4 der Mühle 20, der zugehörigen Sekundärluftmenge und der O_2-Konzentration an der nächstgelegenen Wandmessstelle dieses Brenners

konstant ist. Das deutet darauf hin, dass die ungleichmäßige Kohlenstaubförderung ursächlich ist für die gemessenen O_2-Schwankungen.

Die MIC-Sensoren befinden bei der Mühle 20 im senkrechten Bereich der Kohlenstaubleitungen, die Schwankungen sind hier weniger stark ausgeprägt als an den Messstellen, die sich in waagrechten Leitungen befinden. Dennoch können auch bei den an diese Brenner angrenzenden Wandmessstellen Schwankungen der O_2-Konzentration in der gleichen Größenordnung beobachtet werden. Es ist daher nicht auszuschließen, dass sich in den anschließenden waagrechten Leitungsabschnitten der Mühlen 20 und 40 ähnliche Förderzustände wie bei den Mühlen 10 und 30 einstellen.

5.5.2. Pneumatische Förderung in den Kohlenstaubleitungen

Bei der pneumatischen Förderung des Kohlenstaubes von der Mühle zu den Brennern und schließlich in den Feuerraum wird der Kohlenstaub mit der Trag- oder Primärluft transportiert.

Die Fördergeschwindigkeit sollte einerseits so gering wie möglich gewählt werden, um den Verschleiß der Rohrleitungen und die erforderliche Gebläseleistung niedrig zu halten.

Andererseits muss die Geschwindigkeit ausreichend sein, um einen kontinuierlichen Transport des Fördergutes sicherzustellen.

Förderzustände der horizontalen pneumatischen Förderung unterscheiden sich von denen der vertikalen Förderung dadurch, dass die Schwerkraft eine Entmischung der Feststoff beladenen Strömung bewirkt.

Zur Beschreibung der Förderzustände von Mehrphasenströmungen in lotrechten und waagerechten Leitungen dient das Verhältnis aus Schwerkräften und Trägheitskräften. Dieses Verhältnis wird in Form der dimensionslosen Froude-Zahl Fr wie folgt angegeben [43].

$$Fr = \frac{v}{\sqrt{d \cdot g}}$$

Dabei stellt v die Strömungsgeschwindigkeit, d den Durchmesser der Förderleitung und g die Erdbeschleunigung dar. Die kritische Froude-Zahl, bei deren Unterschreitung es zu Ablagerungen in den Förderleitungen kommen kann, ist abhängig von der Dichte des geförderten Materials, der Partikelgröße und der geometrischen Form der Partikel. Für verschiedene Stäube wurden maximale Beladungen von Fördergut und Traggas experimentell bestimmt [6].

Tabelle 4: Verwendete Werte zur Berechnung der kritischen Froude-Zahlen für Flugasche und Feinsand [6]

Staubart	Flugasche	Feinsand
mittlerer Korndurchmesser d_k [mm]	0,024	0,069
mittlere Sinkgeschwindigkeit w_t [m/s]	0,0405	0,38
Dichte ρ [kg/m^3]	2360	2650
maximale Beladung μ	$0{,}41*(Fr/10)^{2{,}96}$	$0{,}31*(Fr/10)^{2{,}76}$

Aus der in Tabelle 4 in Abhängigkeit von der Froude-Zahl angegebenen maximalen Beladung für Feinsand und Flugasche wurde für verschiedene Beladungen eine „kritische Froude-Zahl" bestimmt.

Da der gemahlene Kohlenstaub keine einheitliche Korngröße, sondern ein großes Korngrößenspektrum besitzt, gibt es einen Grenzbereich für die kritische Froude-Zahl. Feine Kohlenstaubpartikel verhalten sich näherungsweise wie Flugasche und gröbere Partikel angenähert wie Feinsand. Im Bereich der durch die beiden Grenzkurven aufgespannten Fläche beginnt sich Kohlenstaub in den Förderleitungen abzusetzen. In Abbildung 48 (oben) sind die Froude-Zahlen für die waagerechten Kohlenstaubleitungen der Mühle 10 dargestellt. Die Froude-Zahlen der Leitungen 4, 6 und 8 liegen unterhalb der unteren Grenzkurve. Bei diesen

Leitungen liegt keine reine Flugförderung des Kohlenstaubes vor, sondern eine Strähnen- oder Pfropfenförderung. Diese diskontinuierliche Form der Kohlenstaubförderung könnte ursächlich für die beobachteten Schwankungen der Sauerstoffkonzentration an einzelnen Wandmessstellen sein (s. Abbildung 25).

Die in Abbildung 48 (unten) dargestellten Froude-Zahlen für die senkrechten Kohlenstaubleitungen der Mühle 20 liegen alle oberhalb der kritischen Froude-Zahlen. Im Bereich dieser Messstellen liegt somit reine Flugförderung vor.

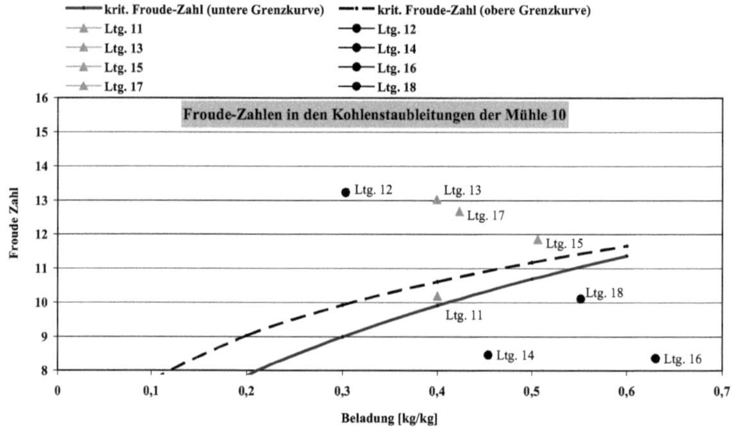

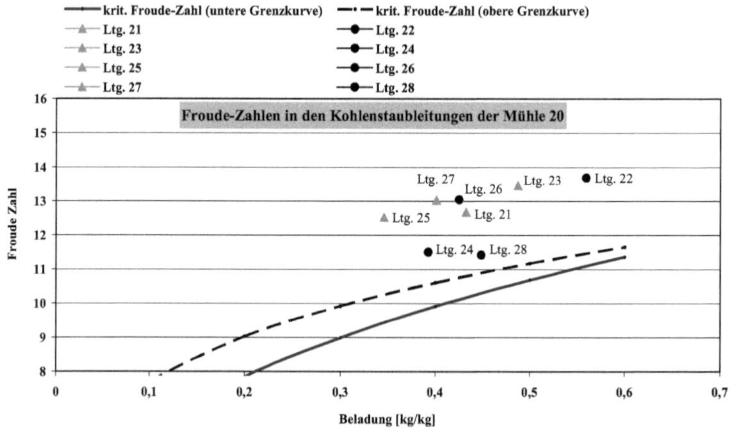

Abbildung 48: Froude-Zahlen für die Staubleitungen der Mühle 10 (oben) und Mühle 20 (unten)

5.6. Zusammenhang zwischen Kohlenstaubverteilung und Wandatmosphäre

Die Aufzeichnungen der Online-Kohlenstaubmessungen legen den Einfluss der Brennstoffzufuhr auf die sich einstellende Wandatmosphäre nahe. Die gemessenen Schwankungen der O_2-Konzentrationen im Nahbereich der Kohlebrenner gehen einher mit Schwankungen der Kohlenstaubmenge. Abbildung 49 zeigt den Ausgangszustand der Wandatmosphäre vor den durchgeführten Optimierungsmaßnahmen. Brenner mit einer gemessenen Kohlenstaubbeladung, die 10 % über bzw. unter dem Mittelwert liegt, sind mit einem + bzw. – gekennzeichnet. Teilweise ist ein Zusammenhang zwischen der Kohlenstaubbeaufschlagung und der Wandatmosphäre benachbarter Bereiche erkennbar, insbesondere bei Betrachtung der Brenner auf der Stirnseite.

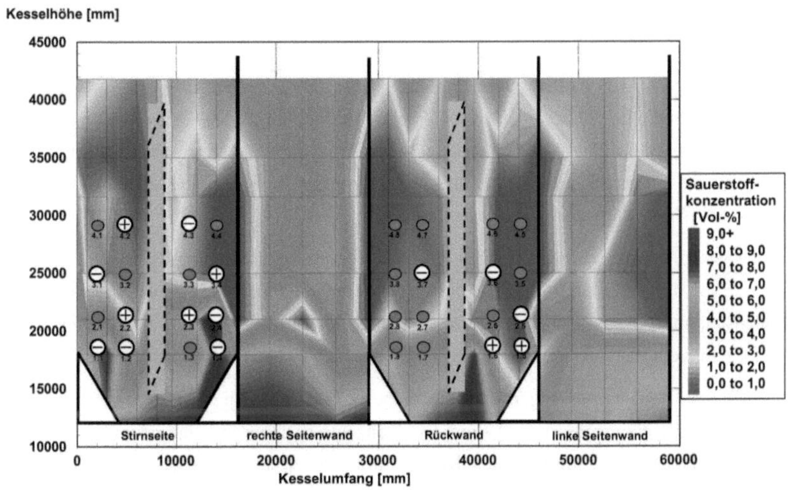

Abbildung 49: Darstellung der Wandatmosphäre bei Grundeinstellung (s. Tabelle 3), Brenner mit höherer bzw. geringerer Kohlenstaubmenge sind durch ein + oder – gekennzeichnet.

Die mit einer Ungleichverteilung des Kohlenstaubes einhergehende Korngrößenseparation wurde bei dieser Betrachtung nicht berücksichtigt, die sich aber durch das unterschiedliche Abbrandverhalten großer und kleiner Kohlepartikel auch auf die Wandatmosphäre auswirken kann. Größere Partikel werden infolge ihres größeren Impulses und der längeren Abbranddauer eher die Feuerraumwand erreichen und in Wandnähe abbrennen als kleinere Partikel.

Aufgrund einer möglichen Interaktion der Brenner und der Komplexität der Strömungsverläufe in der Brennkammer kann anhand der Messdaten keine Aussage bezüglich des quantitativen Einflusses der Ausmahlung und der Kohlenstaubverteilung auf die Zusammensetzung der Wandatmosphäre gemacht werden.

Zur Klärung der Zusammenhänge zwischen Kohlenstaubverteilung, Ausmahlung und sich einstellender Wandatmosphäre wurden rechnergestützte Simulationen durchgeführt, über die in Kapitel 6 berichtet wird.

5.7. Zusammenfassung und Schlussfolgerungen aus den Ergebnissen der Kohlenstaubmessungen

Die gemessenen Kohlenstaubverteilungen zeigen starke Abweichungen der Kohlenstaubbeladung an den Einzelbrennern, die von einer Mühle versorgt werden. Eine optische Begutachtung der Verteilerstufen zeigte keine Verschleißerscheinungen, die ursächlich für die gemessenen Ungleichverteilungen sein könnten.

Unabhängig von der Kohlenstaubverteilung wird die Sekundärluftmenge einer Ebene gleichmäßig auf die 8 Brenner dieser Ebene verteilt. Eine Ungleichverteilung in der Kohlebeladung führt damit zu unterschiedlichen Luftzahlen an den einzelnen Brennern. Brenner, die aufgrund einer Verteilungsschieflage mehr Kohle erhalten, können die umgebende Wandatmosphäre negativ beeinflussen.

Die festgestellten Ungleichverteilungen des Kohlenstaubes auf die Brenner ergeben sich aus der Addition der Verteilungsfehler der einzelnen Verteilerstufen. Mit Hilfe der Ergebnisse der Kohlenstaubmessungen können jene Verteilerstufen identifiziert werden, die eine ungleiche Kohlenstaubverteilung generieren, um diese dann gezielt zu untersuchen und zu optimieren.

Die Wandatmosphäremessungen haben ergeben, dass abhängig von der Position der Wandmessstelle die gemessenen O_2- und CO-Konzentrationen stabil sind oder aber teilweise stark schwanken. Die schwankenden Konzentrationen wurden mit einer ungleichmäßigen Kohlenstaubförderung in Verbindung gebracht. Diese Vermutung wird durch die aufgezeichneten Ergebnisse der MIC Online-Kohlenstaubmessungen unterstützt.

Bei Kohlenstaubleitungen mit einer hohen Staubbeladung wurde ein insgesamt größerer Anteil an Grobgut festgestellt. Brenner mit einer hohen Kohlenstaubbeladung erhalten damit gleichzeitig einen hohen Grobkornanteil. Die Auswirkungen, die sich durch eine ungleiche Kohlenstaubverteilung in Verbindung mit einer Korngrößenseparation des Kohlenstaubes auf die Zusammensetzung der Wandatmosphäre ergeben, lassen sich anhand der Messdaten nicht quantifizieren.

Zur Erlangung weiterer Informationen über die Auswirkungen von Kohlenstaub- und Luftverteilung im Feuerraum auf die sich ausbildende Wandatmosphäre wurden Feuerraumsimulationen (s. Kapitel 6) durchgeführt. Damit lassen sich auch Fragestellungen untersuchen, die der konventionellen Messtechnik nicht zugänglich sind. Die messtechnisch ermittelten Daten bildeten die Basis für die durchgeführten Simulationsrechnungen.

6. Simulationsgestützte Untersuchungen

Zur Absicherung der Auslegung von Feuerungsumbaumaßnahmen oder eines Neubaus und für die weitergehende Optimierung der Feuerung nach Realisierung des Umbaus oder Neubaus werden heute dreidimensionale, mathematische Simulationsmodelle eingesetzt. Die Erfahrungen beim Einsatz von Simulationsmodellen in den letzten Jahren zeigen, dass der erzielte Wissensgewinn durch die dreidimensionale Computersimulation eine zuverlässige Bewertung von Feuerungsumbaumaßnahmen ermöglicht [55], [56].

Potentielle Probleme werden rechtzeitig im Vorfeld erkannt und zuverlässig vermieden, noch bevor diese Probleme teure Realität werden. Der reale Feuerungsprozess im Kraftwerk wird hierzu in die virtuelle Realität des mathematischen Feuerraummodells abgebildet. Der physikalische Raum der Feuerung wird mit einer Vielzahl von so genannten finiten Volumen angenähert. Dieser Vorgang wird als Diskretisierung der Feuerung bezeichnet.

Als Simulationswerkzeug wurde das dreidimensionale Feuerraumsimulationsprogramm RECOM-AIOLOS verwendet. Dieses wurde am Institut für Verfahrenstechnik und Dampfkesselwesen (IVD) entwickelt. Die intensive Validierung mit Messdaten aus Großkraftwerksanlagen, die Erweiterung der chemischen Reaktionsmodelle und die rasante Weiterentwicklung in der Computertechnik haben RECOM-AIOLOS zu einem erprobten und verlässlichen Werkzeug zur Vorhersage der Leistungsfähigkeit industrieller Feuerungstechnik werden lassen. Des Weiteren stehen Modelle zur Bewertung von Wandkorrosionsgefahr, Ausbrand, Emissionen (NO_x, CO, SO_x) oder Verschmutzung zur Verfügung. Dadurch kann die dreidimensionale Computersimulation zuverlässige Vorhersagen für eine Vielzahl betriebstechnisch relevanter Fragestellungen liefern.

Das Simulationsprogramm stellt für jedes finite Volumen Erhaltungsgleichungen für Massen-, Impuls- und Energieerhaltung auf, die untereinander nichtlinear gekoppelt sind. Die Aufstellung der Gleichungen basiert auf einem konservativen Finite-Volumen-Verfahren mit nicht-versetztem, block-strukturiertem Gitter.

Die Beschreibung der Turbulenz kann durch ein Standard k,ε-Modell oder ein differentielles Reynolds-Stress Modell [60] erfolgen. Das Reaktionsschema für die Feststoffverbrennung besteht aus 3 heterogenen Reaktionen für Primär- und Sekundär-Pyrolyse sowie für die Koksverbrennung [16]. Das Reaktionsschema der homogenen Gasphasen-Verbrennung besteht aus globalen Reaktionen zur Beschreibung des Abbrandprozesses der Primär- und Sekundärpyrolyseprodukte und der Produkte des Koksabbrandes. Der globale Reaktionsmechanismus enthält Reaktionsgleichungen für CO, einen leichten und einen schweren Kohlenwasserstoff [16].

Zusätzlich zu dem bereits implementierten globalen Reaktionsmechanismus zur Beschreibung der Gaschemie erfolgte in 2005 die Implementierung des detaillierten Reaktionsmechanismus "GRI 3.0" mit 325 Reaktionen und 53 Spezies [5]. Der "GRI 3.0"-Mechanismus ist ein für die mathematische Beschreibung des Methan-Abbrandes optimierter Mechanismus. In der gegenwärtigen Implementierung werden die 11 Spezies CH_4, O_2, CO, CO_2, H_2, H_2O, N_2, NO, NH_3, HCN und OH als Hauptspezies ausgewählt.

Heute werden typischerweise bis zu 10 Mio. Volumina für die geometrische Abbildung einer Feuerung eingesetzt. Insgesamt werden für jedes Volumen ca. 100 Gleichungen aufgestellt. Zur Darstellung eines Betriebszustands in der virtuellen Realität muss das Simulationsprogramm eine Lösung für das gekoppelte Gleichungssystem von bis zu 100 x 10 Mio. = 1 Milliarde Gleichungen finden. Hierzu ist eine entsprechende Rechenleistung erforderlich, wie sie beispielsweise vom Höchstleistungsrechenzentrum der Universität Stuttgart zur Verfügung gestellt wird.

6.1. Feuerraumsimulation mit AIOLOS

Zur rechnergestützten Analyse und Bewertung von Maßnahmen zur Verbesserung der Wandatmosphäre im RDK7 wurde die reale Feuerung von RECOM-Services in die virtuelle Realität eines dreidimensionalen Feuerraumsimulationsmodells abgebildet. Nach Erstellung des Geometriemodells wurde für den Ausgangszustand des Kessels eine Basissimulation durchgeführt und die Simulationsergebnisse mit den zugehörigen Profilmessungen und Betriebsmesswerten verglichen. Das so geprüfte Kesselmodell des RDK7 wurde anschließend genutzt, um die betrachteten Maßnahmen zur Steigerung der Sauerstoffkonzentration an den Feuerraumwänden zu bewerten. Um eine ganzheitliche Betrachtung der untersuchten Maßnahmen zu ermöglichen, wurden auch wesentliche Betriebswerte wie die Feuerraumendtemperatur oder die NO_x-Konzentration berechnet.

6.1.1. Geometriemodell für den Ausgangszustand

Der Kessel 7 im RDK wurde in ein 3D-Geometriemodell abgebildet. Hierzu wurde die Geometrie des Kessels diskretisiert, d.h. in ein numerisches Gitter mit rund 3,4 Mio. Gitterpunkten transformiert. In Abbildung 50 ist die Diskretisierung des Kessels dargestellt [27].

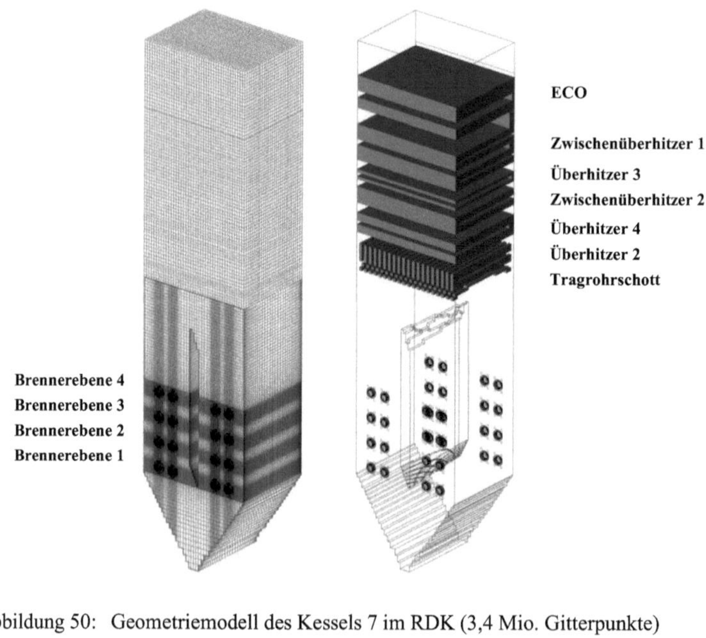

Abbildung 50: Geometriemodell des Kessels 7 im RDK (3,4 Mio. Gitterpunkte)

Abbildung 51 zeigt die Brennerdiskretisierung. Zur Diskretisierung wurde eine Mehrgebietstechnik verwendet, die eine Kopplung von beliebig angeordneten kartesischen, zylindrischen und körperangepassten Gittern erlaubt. Die Diskretisierung der Drallbrenner erfolgte in separaten zylindrischen Koordinatensystemen. Die Auflösung in diesem Bereich beträgt wenige cm und benötigt insgesamt ca. 1,9 Mio. Gitterpunkte. Die Abbildung der restlichen Kesselgeometrie erfolgt mit ca. 1,5 Mio. und einer mittleren Auflösung von 4 - 40 cm. Zur Darstellung der Berührungsheizflächen werden so genannte poröse Bereiche definiert, die die Wärmeabgabe des Rauchgases und die strömungstechnischen Effekte der Rohrbündel modelltechnisch abbilden.

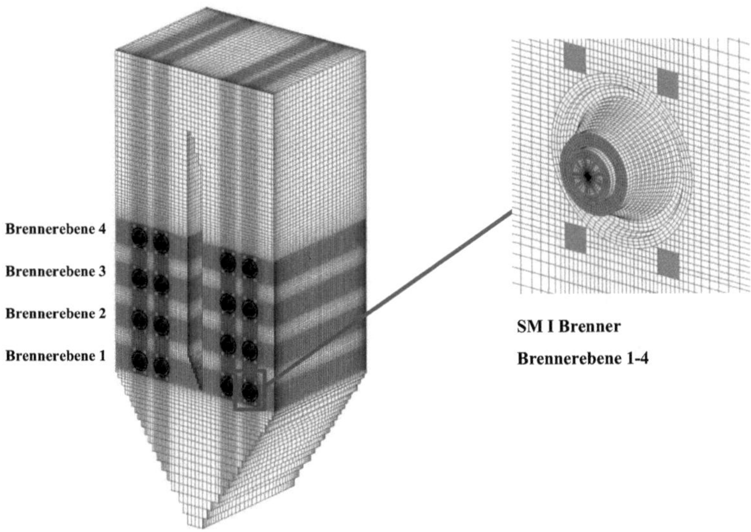

Abbildung 51: Brennerdiskretisierung

6.1.2. Eingangsdaten für die Basissimulation

Für die Basissimulation wurden die mittels isokinetischer Absaugmessungen bestimmten Kohlenstaubmassenströme der 32 Brenner als Eingangsdaten verwendet und die Korngrößenverteilung der einzelnen Kohlenstaubleitungen berücksichtigt. Aus den gemessenen Korngrößenverteilungen wurden insgesamt 4 Feinheiten bestimmt (siehe Tabelle 5). Die so ermittelten Feinheiten wurden dann entsprechend Tabelle 6 den einzelnen Brennern zugeordnet und im Modell berücksichtigt.

Tabelle 5: Kohlenstaubklassen

4 Feinheiten	> 90 µm	> 160 µm	> 200 µm
A	35,0 %	19,0 %	3,6 %
B	26,0 %	11,3 %	1,9 %
C	25,3 %	7,0 %	1,6 %
D	21,3 %	5,4 %	0,8 %

Mit den aus den Betriebsaufzeichnungen entnommenen Verbrennungsluftmengen der Brenner ergaben sich die in Tabelle 7 dargestellten Luftzahlen im Brennernahbereich. In diesen Luftzahlen ist die Stufenluft nicht enthalten. Zum Zeitpunkt, als die Eingangsdaten für die Basissimulation bestimmt wurden, war bereits die optimierte Betriebsweise mit erhöhter Stufenluftmenge (s. Kapitel 4.4.2) auf den Brennerebenen 1-3 an der Feuerung umgesetzt. Durch den höheren Mantelluftanteil bei den Brennern der vierten Brennerebene ergeben sich dort insgesamt höhere Luftzahlen im Brennernahbereich.

Tabelle 6: Ermittelte Kohlefeinheiten der 32 Brenner

Mühle 10		Mühle 20		Mühle 30		Mühle 40	
Brenner	Feinheit	Brenner	Feinheit	Brenner	Feinheit	Brenner	Feinheit
11	B	21	D	31	C	41	C
12	B	22	C	32	A	42	B
13	B	23	D	33	A	43	C
14	D	24	D	34	A	44	D
15	B	25	D	35	D	45	D
16	A	26	D	36	B	46	C
17	A	27	D	37	D	47	C
18	A	28	D	38	B	48	C

Tabelle 7: Luftzahlen an den Brennern für die Basissimulation

Brenner	1	2	3	4	5	6	7	8
Ebene 1	0,797	0,834	0,778	0,820	0,815	0,709	0,770	0,687
Ebene 2	0,822	0,696	0,651	0,766	0,818	0,731	0,742	0,770
Ebene 3	0,793	0,800	0,678	0,654	0,801	0,734	0,844	0,701
Ebene 4	0,869	0,822	0,806	0,810	0,874	0,924	0,814	0,847

6.1.3. Sondenmessungen im Brennernahbereich der Feuerung des RDK7

Zur Überprüfung der Verlässlichkeit der Ergebnisse des Feuerraumodells wurden Feuerraummessungen mittels konventioneller Absaugsonden durchgeführt und dabei entlang einer Messöffnung Gaskonzentrationsprofile aufgenommen. Ein Vergleich der Messwerte mit den aus der Simulation erhaltenen Werten zeigt, wie genau die berechneten Werte mit den real gemessenen übereinstimmen und damit, wie verlässlich die aus den Simulationen erhaltenen Daten sind. Die Brenner der Ebenen 1-3 sind mit einem Primärdrall ausgerüstet, der bei den Brennern der vierten Brennerebene nicht vorhanden ist. Die Messdaten aus dem Brennernahfeld zeigen, ob die im Modell gesetzten Eingangsdaten und die geometrischen Verhältnisse der Brenner korrekt umgesetzt wurden und die berechneten Gaskonzentrationen die Realität wiedergeben. Insbesondere für die Vorhersagequalität der Wandatmosphäre ist es von Bedeutung, dass die Strömungsverhältnisse am Brenner korrekt wiedergegeben werden.

Die Sondenmessungen erfolgten jeweils an den messtechnisch zugänglichen Brennern 8 der vierten (ohne Primärdrall) und dritten Brennerebene (mit Primärdrall). Im Weiteren wird der Brenner 8 der Ebene 3 als Brenner 38 und der Brenner 8 der vierten Brennerebene als Brenner 48 bezeichnet. An beiden Brennern wurden bei vergleichbarer Last und gleicher Einsatzkohle Gaskonzentrationsprofile gemessen. Die Messachse verläuft senkrecht zur Brennerachse im Abstand von 400 mm zur Rückwand (s. Abbildung 52).

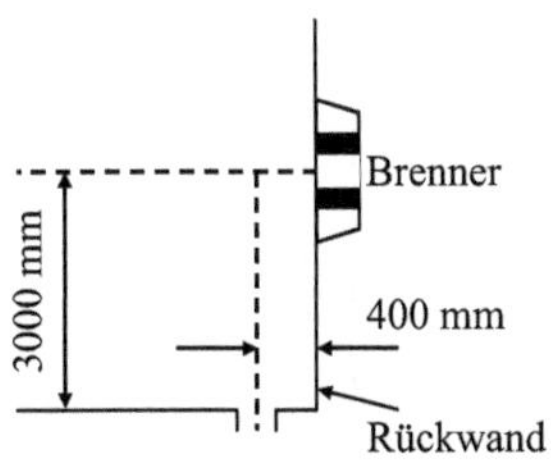

Abbildung 52: Genutzte Messöffnungen für die Sondenmessungen im Brennernahbereich

Die gemessenen Gaskonzentrationsprofile der Feuerraummessung wurden mit den mittels Feuerraumsimulation berechneten Gaskonzentrationen in diesem Bereich verglichen.

6.2. Basissimulation für den Ausgangszustand

Für die Erstellung der Basissimulation wurden zunächst umfangreiche Messungen an der Feuerung durchgeführt und anschließend die während des Messzeitraumes aufgezeichneten Betriebsdaten auf Plausibilität überprüft. Die geprüften Betriebsdaten und die ermittelten Messdaten bildeten den Eingangsdatensatz für die Basissimulation.

6.2.1. Vergleich gemessener und berechneter Konzentrationen

Abbildung 53 zeigt einen Vergleich berechneter und gemessener Gaskonzentrationsprofile vor Brenner 38 und Brenner 48. Bei Großkraftwerksmessungen ist die Positionsbestimmung der Messsonde mit einer Unsicherheit von bis zu 20 cm behaftet. Diese Unsicherheit ergibt sich aus der Deformation der Sonde, den lokalen Strömungsverhältnissen an der Sonde und dem angesaugten Messvolumen. Beim Vergleich wird daher für die Messung der Mittelwert

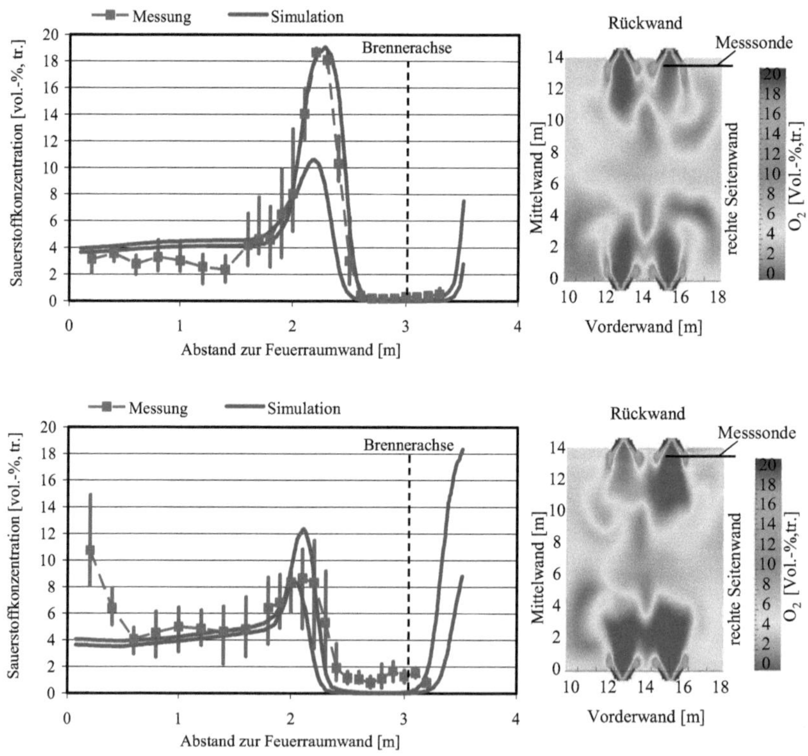

Abbildung 53: Vergleich der gemessenen und berechneten O_2-Profile vor Brenner 48 (oben) und Brenner 38 (unten) im Abstand von jeweils 0,4 m zur Rückwand

mit zugehörigen minimalen und maximalen Messwerten an jeder Messposition und für die Simulation der minimal und maximal vorhandene Wert in der relevanten Umgebung der Sonde aufgetragen. Der Vergleich zeigt eine gute Übereinstimmung im Rahmen der Unsicherheiten bei der Erfassung der betrieblichen Eingangsgrößen. Die Profilverläufe werden bis auf wenige Ausnahmen sowohl in Lage als auch im Niveau vom Modell korrekt wiedergegeben. Die Abweichungen zwischen berechneten und gemessenen O_2-Konzentrationen am Brenner 38 im Bereich zwischen 0 und 0,5 m Abstand zur Feuerraumwand (s. Abbildung 53 oben) sind auf den Einfluss der Umgebungsluft im Bereich der Messöffnung zurückzuführen. Bei einer unzureichenden Abdichtung zwischen Messsonde und Messöffnung wird durch den Unterdruck im Feuerraum Luft aus dem Kesselhaus eingesaugt und von der Messsonde erfasst.

6.2.2. Ergebnisse der Basissimulation mit gemessener Kohleverteilung und berücksichtigter Korngrößenverteilung

In Tabelle 8 sind die berechneten Ergebnisse der Basissimulation den aufgezeichneten Betriebsdaten gegenübergestellt. Die berechneten Werte stimmen sehr gut mit den zum simulierten Betriebszustand gehörenden Betriebsmesswerten überein. Die berechneten Werte liegen alle im Bereich zwischen den maximalen und minimalen Messwerten. Die Verlässlichkeit der Ergebnisse der Feuerraumsimulation ist hoch, die im Modell abgebildete Geometrie und die der Simulationsrechnung zugrunde liegenden Eingangsdaten geben die Realität seht gut wieder. In den aufgezeichneten Betriebsdaten sind keine Werte für das Unverbrannte in der Asche enthalten. Diese wichtige Betriebsgröße wurde bei den durchgeführten Simulationen berücksichtigt, um die im Computermodell umgesetzten Maßnahmen ganzheitlich betrachten und bewerten zu können.

Tabelle 8: Vergleich berechneter Werte der Basissimulation mit Betriebsmessdaten

Betriebsparameter	**Basissimulation mit Kohleschieflage** **Betriebszustand vom 06.07.2005**	**Betriebsmesswerte vom 06.07.2005 (Mittelwerte)**	**Betriebsmesswerte vom 06.07.2005 (Min./Max.)**
Feuerraumendtemperatur [°C]	1209	1196	1148 / 1238
Temperatur hinter ECO [°C]	373	370	363 / 374
O_2 vor Luvo [Vol.-%,tr.]	4,15	4,17	3,9 / 4,6
NO [mg/m^3 i.N.]	795	790	741 / 841
CO [mg/m^3 i.N.]	13,5	11,5	9,4 / 14,9
Unverbranntes in der Asche [%]	1,7	-	-

In Abbildung 54 sind die berechneten Sauerstoffverteilungen der vier Brennerebenen dargestellt. Ebenso wie bei den gemessenen O_2-Konzentrationen befinden sich auch bei den berechneten Werten die Bereiche mit geringeren O_2-Wandkonzentrationen in den Ecken der Feuerung. Es ist deutlich zu erkennen, dass die Brenner der Brennerebenen 1-3, die im

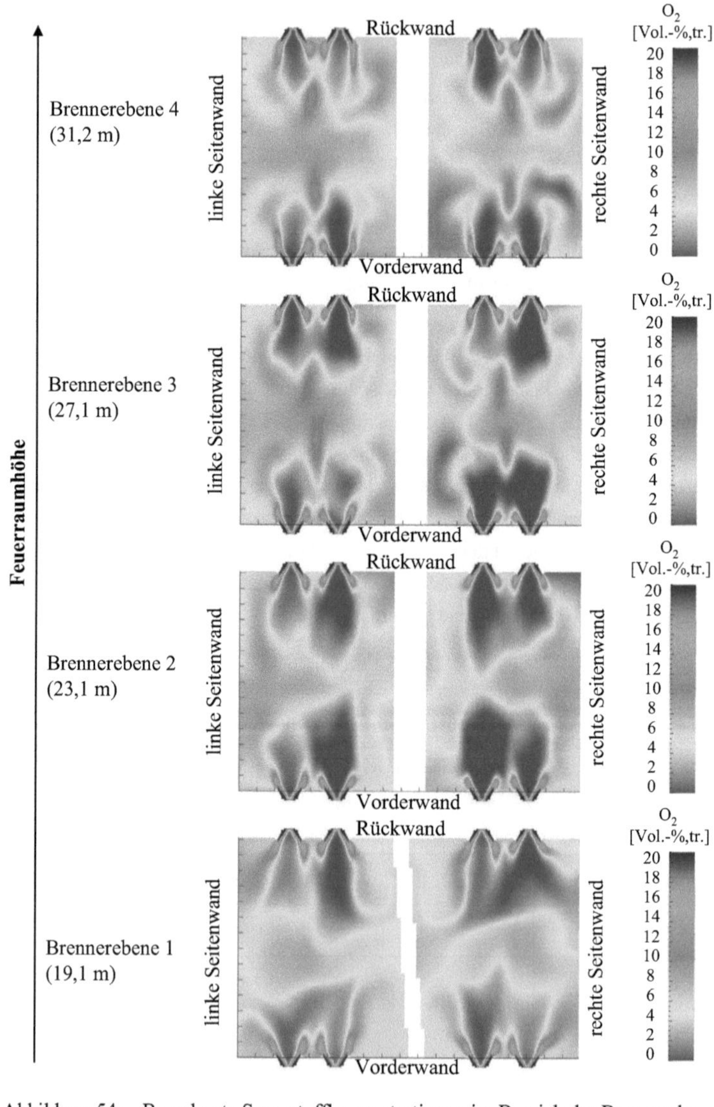

Abbildung 54: Berechnete Sauerstoffkonzentrationen im Bereich der Brennerebenen

Gegensatz zu den Brennern der vierten Brennerebene mit einem Primärdrall ausgerüstet sind, einen wesentlich größeren Flammenbereich mit reduzierender Atmosphäre aufweisen. Die Darstellungen der berechneten O_2-Konzentrationen geben einen Überblick über die Entstehung der O_2-Mangelgebiete an der Feuerraumwand.

In Abbildung 55 sind die berechneten (oben) und die gemessenen (unten) O_2-Konzentrationen der Feuerraumwand in eine Kesselabwicklung eingetragen. In dieser Darstellung wurde eine

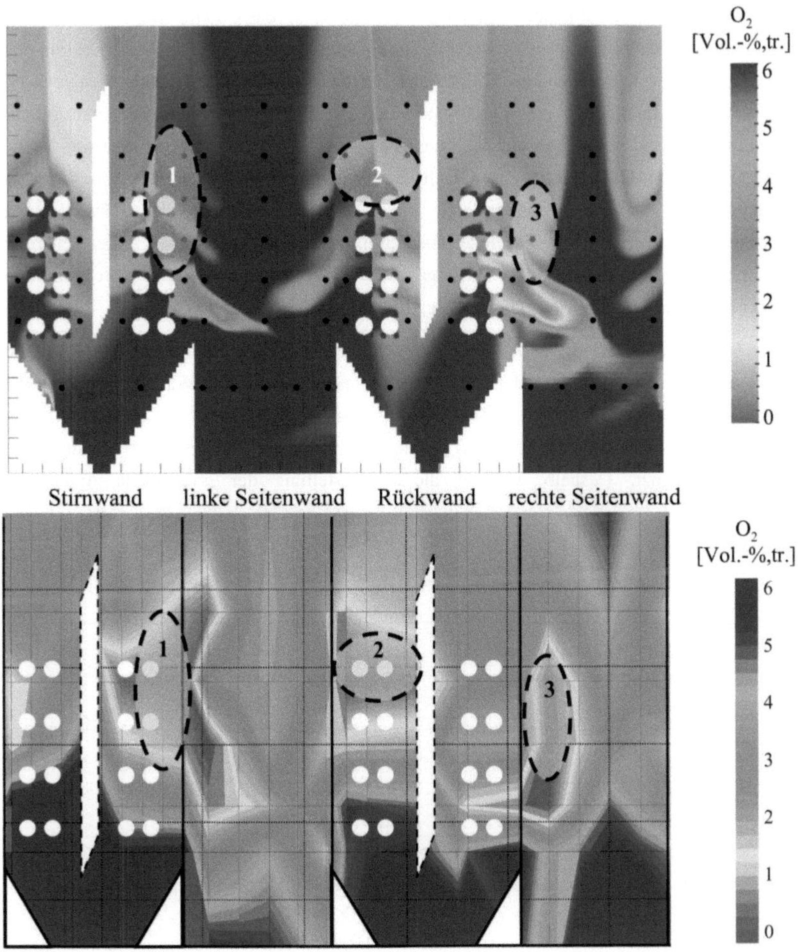

Abbildung 55: Vergleich von berechneten (oben) und gemessenen (unten) O_2-Konzentrationen

Skala von 0 - 6 Vol.-% gewählt, um die großen Gradienten der Konzentrationsverläufe deutlich zu machen. Beim Vergleich der berechneten und gemessenen Wandatmosphäre ist erkennbar, dass insgesamt höhere Sauerstoffkonzentrationen berechnet als gemessen wurden. Es sei an dieser Stelle nochmals darauf hingewiesen, dass die grafische Darstellung der gemessenen Sauerstoffkonzentrationen sich auf insgesamt 110 Messstellen stützt und zur Kolorierung der Grafik die Bereiche zwischen einzelnen Messwerten interpoliert werden mussten.

In Abbildung 55 sind 3 Positionen hervorgehoben, an denen das Computermodell gemessene Sauerstoffmangelbereiche nicht wiedergibt. Die Gründe hierfür werden in erster Linie in den teilweise stark schwankenden Kohlenmassenströmen und den damit entsprechend schwankenden Luftzahlen vermutet. Insbesondere Schwankungen des Luftüberschusses haben einen massiven Einfluss auf die Sauerstoffkonzentration an den Feuerraumwänden (s. Kapitel 4.2). Im Unterschied zur berechneten Wandatmosphäre, die einen bestimmten Betriebszustand darstellt, repräsentieren die Messwerte aufgrund der schwankenden Eingangsgrößen verschiedene Zustände. Insgesamt werden die Verhältnisse in der Feuerung vom Computermodell aber gut wiedergegeben. Das zeigen auch die durchgeführten Sondenmessungen und der Vergleich mit den Feuerraumendwerten.

Unter Berücksichtigung dieser Aspekte wurde zur quantitativen Beurteilung der Einflüsse verschiedener Feuerungseinstellungen und Parameter auf die Wandatmosphäre die Darstellung in Abbildung 56 gewählt. Die Ergebnisse der Simulation ermöglichen die Betrachtung des gesamten Feuerraumes und sind nicht auf die messtechnisch zugänglichen Bereiche begrenzt. Deshalb wird in dieser Darstellung der prozentuale Anteil der

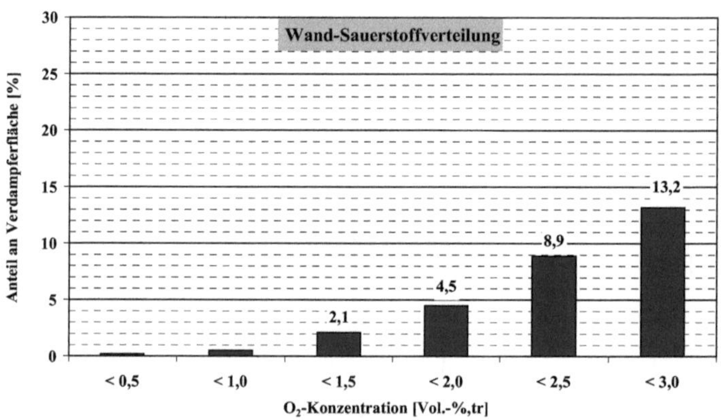

Abbildung 56: Berechnete Wand-Sauerstoffkonzentrationsverteilung bei gemessener Kohlenstaub- und Korngrößenverteilung

Feuerraumwände in den O_2-Konzentrationsbereichen zwischen 0,5 und 3,0 Vol.-% Sauerstoff angegeben.

In Abbildung 56 sind die prozentualen Flächenanteile im zugehörigen O_2-Konzentrationsintervall der gesamten Feuerraumwände dargestellt. So ist beispielsweise die O_2-Konzentration an 13,2 % der gesamten Feuerraumwände kleiner 3 Vol.-%.

6.3. Simulationsbasierte Untersuchungen zur Beeinflussung der Wandatmosphäre

Die Ergebnisse der Basissimulation haben gezeigt, dass mit dem vorhandenen Computermodell und den bestimmten Eingangsdaten die berechneten Werte gut mit den gemessenen Werten übereinstimmen und somit die Realität vom Computermodell entsprechend gut wiedergegeben wird.

Parameter die messtechnisch nur mit großem Aufwand erfasst werden können lassen sich am Computermodell sehr viel einfacher variieren, gleichzeitig können alle übrigen Randbedingungen konstant gehalten werden. Das ermöglicht die Zuordnung von Auswirkungen zu den untersuchten Parametern, die an einer realen Feuerung so nicht möglich ist.

Untersucht wurden die Auswirkungen einer einheitlichen Korngrößenverteilung der gemahlenen Kohle innerhalb einer Brennerebene, im Vergleich zur tatsächlich gemessenen Korngrößenverteilung.

Die Ergebnisse der Kohlenstaubmessungen und der Wandatmosphäremessungen (s. Kapitel 5.5.1) lassen vermuten, dass eine Kohlenstaubungleichverteilung auf die Brenner einer Brennerebene und die daraus resultierenden unterschiedlichen Luftverhältnisse negative Auswirkungen auf die Wandatmosphäre haben. Dieser mögliche Einfluss wurde durch eine Simulationsrechnung mit angenommener Kohlegleichverteilung auf die Brenner überprüft. Ob eine Anpassung der Verbrennungsluftmenge an die gemessene Kohlemenge für jeden Brenner zu einer Verbesserung der Wandatmosphäre führt, wurde in einer separaten Simulationsrechnung überprüft. Die Ergebnisse dieser Parameterstudien wurden jeweils mit den Ergebnissen der Basissimulation verglichen. Tabelle 9 gibt eine Übersicht der simulationsbasierten Untersuchungen.

Tabelle 9: Übersicht der simulationsbasierten Untersuchungen

Simulations-variante	Änderung gegenüber der Basissimulation	Ziel der Untersuchung
1	Die Brenner einer Mühle wurden mit einer einheitlichen, mittleren Korngrößenverteilung beaufschlagt.	Bestimmung des Einflusses der Korngrößenseparation.
2	Anpassung der Sekundärluftmenge der Einzelbrenner an die gemessene Kohlenstaubmenge.	Überprüfung der Maßnahme, mit einer an die gemessene Kohlenstaubmenge angepassten Sekundärluftmenge die Wandatmosphäre zu verbessern.
3	Kohlemenge einer Mühle wurde gleichmäßig auf die Einzelbrenner der Mühle aufgeteilt.	Bestimmung des Einflusses einer Kohlenstaubungleichverteilung auf die Wandatmosphäre.

6.3.1. Simulation mit gemessener Kohlenstaubverteilung, bei einheitlicher Korngrößenverteilung auf die Brenner einer Ebene

Zur Bestimmung des Einflusses der unterschiedlichen Ausmahlung des Kohlenstaubes in den einzelnen Brennerleitungen auf die Zusammensetzung der Wandatmosphäre wurden alle Brenner einer Ebene mit einer mittleren Ausmahlung beaufschlagt (s. Tabelle 10). Aus den Siebanalysen der Einzelmessungen wurde für jede Mühle eine mittlere Ausmahlung ermittelt und als gleich für alle Brenner angenommen. Die gemessene Kohlenstaubverteilung blieb unverändert und somit auch die Luftzahlen an den Brennern. Im Vergleich zur Simulation mit der gemessenen Korngrößenseparation (Basissimulation) ergeben sich bei unveränderter Ausmahlung der Mühle aber mit einheitlicher Korngrößenverteilung in den Staubleitungen einer Mühle (Simulationsvariante 1) höhere Sauerstoffkonzentrationen an den Feuerraumwänden. Bereiche mit Sauerstoffkonzentrationen kleiner 0,5 Vol.-% sind nahezu ganz verschwunden (s. Abbildung 57).

Tabelle 10: Ausmahlung der Mühlen 10-40

4 Feinheiten	> 90 µm	> 160 µm	> 200 µm
Mühle 10	27,8 %	14,5 %	2,3 %
Mühle 20	23,3 %	4,1 %	0,6 %
Mühle 30	25,0 %	13,1 %	1,9 %
Mühle 40	25,6 %	6,2 %	1,7 %

In Tabelle 11 sind die berechneten Werte der Basissimulation den Ergebnissen der Simulationsvariante 1 gegenübergestellt. Der Vergleich der Simulationsergebnisse zeigt keine signifikanten Unterschiede. Der Trend hin zu einer besseren Verbrennung ist jedoch erkennbar an der geringeren CO-Konzentration und einem reduzierten Glühverlust. Ein möglicher Einfluss auf die NO_x-Konzentrationen erscheint vernachlässigbar.

Tabelle 11: Simulationsergebnisse mit Berücksichtigung der Korngrößenseparation

Betriebsparameter	Basissimulation	Simulationsvariante 1
Feuerraumendtemperatur [°C]	1209	1210
Temperatur hinter ECO [°C]	373	373
O_2 vor Luvo [Vol.-%,tr.]	4,15	4,14
NO [mg/m^3 i.N.]	795	792
CO [mg/m^3 i.N.]	13,5	11,0
Unverbranntes in der Asche [%]	1,7	1,5

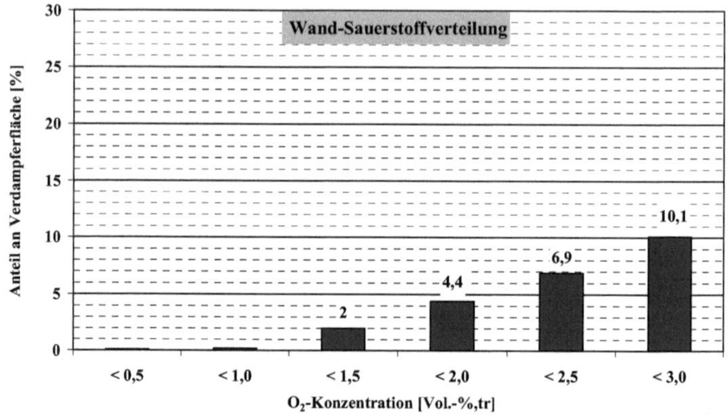

Abbildung 57: Berechnete Sauerstoffkonzentrationsverteilung an den Feuerraumwänden bei gleicher Korngrößenverteilung an den Brennern einer Ebene (Simulationsvariante 1)

6.3.2. Simulation mit an die gemessene Kohlenstaubverteilung angepasster Verbrennungsluftverteilung

In Kapitel 4.4.3 wurde der Versuch beschrieben, wie durch Erhöhung der Verbrennungsluftmenge an ausgewählten Brennern die Wandatmosphäre gezielt beeinflusst werden kann.

Eine manuelle Anpassung der Verbrennungsluftmengen an die gemessene Kohlenstaubverteilung war aus betrieblichen Gründen nicht für alle Brenner gleichzeitig möglich. Die Korrektur der Verbrennungsluftmenge aller Brenner erfordert eine Adaption der leittechnisch hinterlegten Luftkurven. Zusätzlich muss der Vordruck des Frischlüfters erhöht werden. Das ist nötig, um die erhöhte Luftmenge bei Brennern mit höherer Kohlenstaubbeladung durch die vorhandenen Luftkanäle fördern zu können.

Aus diesen Gründen wurde von einer experimentellen Überprüfung dieser Maßnahme abgesehen und stattdessen die Einflüsse am Modell simuliert und ausgewertet. Um realisierbare Ergebnisse zu erhalten, die im Rahmen der technischen Gegebenheiten auf die untersuchte Anlage übertragbar sind, wurde bei der Aufteilung der Luftmenge auf die Brenner eine maximale Korrektur der Luftmenge am Brenner von +/- 10 % zugelassen. Die Luftmenge der Einzelbrenner berechnet sich aus der gesamten Verbrennungsluft einer Brennerebene dividiert durch die Anzahl der Brenner. Abhängig von der gemessenen Kohlenstaubmenge kann dieser Wert um 10 % erhöht oder abgesenkt werden. Anhand der leittechnisch hinterlegten Luftkurven der Brenner erfolgt die rechnerische Aufteilung zwischen Mantel- und Stufenluft (s. Abbildung 30).

In Tabelle 12 sind die Luftzahlen im Brennernahbereich wiederum ohne Stufenluftanteil dargestellt, die sich aus den für die Simulation vorgegebenen Verbrennungsluftmengen der Einzelbrenner ergeben.

Tabelle 12: Luftzahlen im Brennernahbereich mit an die gemessenen Kohlenstaubverteilungen angepassten Verbrennungsluftmengen der Einzelbrenner

Brenner	1	2	3	4	5	6	7	8
Ebene 1	0,797	0,834	0,778	0,820	0,815	0,709	0,770	0,687
Ebene 2	0,822	0,696	0,651	0,766	0,818	0,731	0,742	0,770
Ebene 3	0,793	0,800	0,678	0,654	0,801	0,734	0,844	0,701
Ebene 4	0,869	0,822	0,806	0,810	0,874	0,924	0,814	0,847

Abbildung 58 zeigt die berechnete Wand-Sauerstoffverteilung, die sich bei der beschriebenen Verbrennungsluftanpassung (Simulationsvariante 2) einstellt. Im Vergleich zur Basissimulation ergeben sich deutlich erhöhte Sauerstoffkonzentrationen an den Feuerraumwänden. Bereiche mit einer Sauerstoffkonzentration von weniger als 0,5 Vol.-% verschwinden völlig und der Anteil der Feuerraumfläche mit einer Sauerstoffkonzentration kleiner als 3 Vol.-% geht von 13,2 % (s. Abbildung 56) auf 5,2 % zurück.

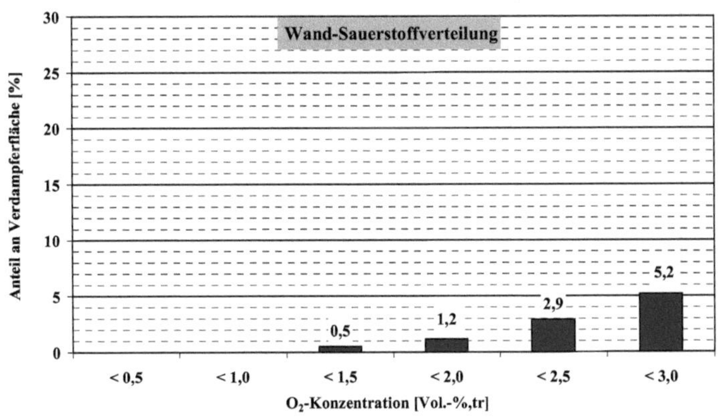

Abbildung 58: Berechnete Sauerstoffkonzentrationsverteilung an den Feuerraumwänden bei angepasster Verbrennungsluftmenge an die gemessene Kohlenstaubbeladung der Einzelbrenner (Simulationsvariante 2)

Bei den berechneten Feuerraumendwerten (s. Tabelle 13) führt die Simulationsvariante 2 mit angepasster Verbrennungsluftmenge zu einer Erhöhung der NO_x-Konzentrationen um 4 %. Gleichzeitig sinken die CO-Konzentration und der Glühverlust.

Die Ergebnisse der Simulationsvariante 2 zeigen, dass sich die Sauerstoffkonzentrationen an den Feuerraumwänden erhöhen lassen und gleichzeitig ein besserer Ausbrand erreicht wird. Eine Anpassung der Verbrennungsluftmenge an die aktuelle Kohlenstaubmenge setzt allerdings voraus, dass eine zuverlässig arbeitende Online-Kohlenstaubmessung installiert ist.

Nachteilig kann sich die Anpassung der Verbrennungsluftmenge insbesondere dann auswirken, wenn die Abweichungen zwischen maximaler und minimaler Kohlenstaubbeladung der Brenner sehr groß sind. In diesem Fall würde die Anpassung der Verbrennungsluftmenge an die Kohlenstaubmenge eine sehr starke Vertrimmung der Verbrennungsluftmenge der Einzelbrenner erfordern, was mit entsprechend hohen Druckverlusten verbunden ist. Weitere Nachteile dieser Vorgehensweise sind mögliche Überbelastungen der Brenner und daraus resultierende thermische Schäden. Aus diesem Grund wurde die Verbrennungsluftanhebung bzw. Absenkung auf maximal +/- 10 % der Verbrennungsluftmenge begrenzt.

Tabelle 13: Vergleich berechneter und gemessener Feuerraumendwerte

Betriebsparameter	Basissimulation	Simulationsvariante 2
Feuerraumendtemperatur [°C]	1209	1210
Temperatur hinter ECO [°C]	373	373
O_2 vor Luvo [Vol.-%,tr.]	4,15	4,19
NO [mg/m^3 i.N.]	795	828
CO [mg/m^3 i.N.]	13,5	10,0
Unverbranntes in der Asche [%]	1,7	1,2

6.3.3. Simulation mit angenommener Gleichverteilung der Kohle auf die Brenner

Die Simulation einer Gleichverteilung des Kohlenstaubes auf die Einzelbrenner (Simulationsvariante 3) soll zeigen, wie groß der Einfluss der Kohlenstaubverteilung hinsichtlich der Wandatmosphäre und der Rauchgaszusammensetzung ist. In Abbildung 59 ist die berechnete Sauerstoffkonzentrationsverteilung an den Feuerraumwänden der Simulationsvariante 3 dargestellt.

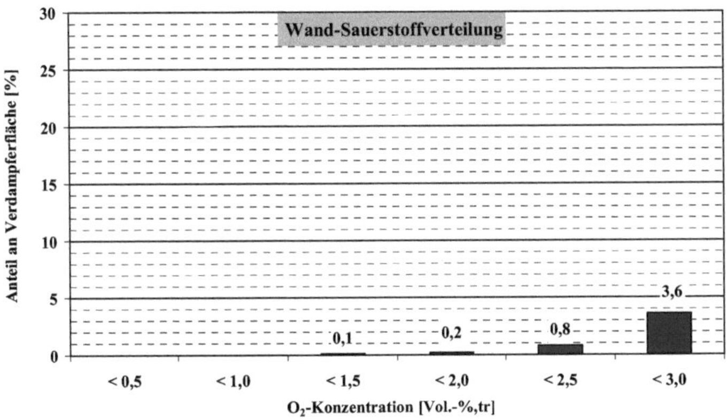

Abbildung 59: Berechnete Sauerstoffkonzentrationsverteilung an den Feuerraumwänden bei gleichmäßiger Kohlenstaub- und Korngrößenverteilung (Simulationsvariante 3)

Gegenüber der Basissimulation ergeben sich hier wesentlich höhere Sauerstoffkonzentrationen an den Feuerraumwänden. Wie in Tabelle 14 dargestellt führt die in der Simulationsvariante 3 eingestellte Gleichverteilung des Kohlenstaubes zu einer weiteren Reduzierung des CO und des Unverbrannten in der Asche. Der NO-Wert steigt geringfügig an. Eine mögliche Erklärung dafür ist, dass bei der festgestellten Kohlenstaubungleichverteilung (Basissimulation) an den Brennern mit einer sehr hohen Kohlenstaubbeaufschlagung bereits gebildetes NO durch die stark reduzierende Atmosphäre wieder reduziert wird.

Insgesamt ergibt die Simulation mit einer angenommenen Gleichverteilung des Kohlenstaubes auf die Brenner das beste Ergebnis, sowohl im Hinblick auf die Sauerstoffkonzentration an den Feuerraumwänden als auch für die Feuerraumendwerte CO und Unverbranntes in der Asche.

Tabelle 14: Simulation mit angenommener Gleichverteilung der Kohle auf alle Brenner

Betriebsparameter	Basissimulation	Simulationsvariante 3
Feuerraumendtemperatur [°C]	1209	1206
Temperatur hinter ECO [°C]	373	373
O_2 vor Luvo [Vol.-%,tr.]	4,15	4,15
NO [mg/m^3 i.N.]	795	815
CO [mg/m^3 i.N.]	13,5	10,0
Unverbranntes in der Asche [%]	1,7	1,1

6.4. Zusammenfassung und Schlussfolgerungen

Mit Hilfe Computer gestützter Simulationen wurden die Auswirkungen der folgenden Parameter auf die Sauerstoffabdeckung der Verdampferwände und wesentlicher Betriebswerte untersucht:

- Beaufschlagung der Brenner einer Mühle mit einheitlicher Korngrößenverteilung,
- Anpassung der Sekundärluftmenge an die gemessene Kohlenstaubmenge und
- Einstellung einer Kohlenstaubgleichverteilung auf alle Brenner.

Die Korngrößenverteilung hat im untersuchten Fall sowohl auf die Wandatmosphäre als auch auf die wesentlichen Betriebswerte nur einen geringen Einfluss. Da eine mögliche Korngrößenseparation aber aus einer Kohlenstaubungleichverteilung resultiert, verstärkt dieser Effekt noch die Auswirkungen einer Kohlenstaubungleichverteilung.

Das beste Ergebnis wurde bei einer einheitlichen Kohlenstaubverteilung erzielt. Es zeigt sich dass eine Optimierung der Kohlenstaubverteilung nicht nur einen positiven Effekt auf die Sauerstoffkonzentration an den Feuerraumwänden hat, sondern sich auch geringere CO-Emissionen und niedrigere Werte beim Unverbrannten in der Asche einstellen.

Ein beinahe ebenso gutes Ergebnis konnte mit einer Anpassung der Sekundärluftmenge an die jeweilige Kohlenstaubmenge der Einzelbrenner erreicht werden. Voraussetzung für dieses Vorgehen ist eine zuverlässig funktionierende Online-Kohlenstaubverteilungsmessung und die Möglichkeit, die Luftmengen für jeden Brenner einzeln regeln zu können. Das ist einerseits mit einem regelungstechnisch hohen Aufwand verbunden und erfordert andererseits eine höhere Gebläseleistung, da bei Brennern mit hoher Kohlebeladung ein höherer Luftmassenstrom durch die vorhandenen Querschnitte gefördert werden muss.

7. Zusammenfassung und Ausblick

Feuerungsseitige NO_x-Minderungsmaßnahmen können zu reduzierenden Bedingungen an den üblicherweise aus Verdampferrohren gebildeten Feuerraumwänden führen. In der Vergangenheit kam es aufgrund von Feuerraumkorrosion zu teilweise erheblichen Verdampferschäden und einer entsprechend hohen Nichtverfügbarkeit der betroffenen Anlagen [69]. Waren in den achtziger Jahren überwiegend Steinkohlefeuerungen nach erfolgter Umstellung auf primäre NO_x-Minderungsmaßnahmen betroffen, so wurde in den letzten Jahren das Phänomen der Feuerraumkorrosion auch bei Braunkohlefeuerungen beobachtet [10].

Die Ergebnisse der Untersuchungen im RDK7 haben gezeigt, dass die Messung der Wandatmosphäre ein geeignetes Mittel darstellt, um mögliche Feuerraumkorrosion im laufenden Betrieb zu erkennen und darauf zu reagieren. Die festgestellten Materialabzehrungen wurden in den Bereichen festgestellt, in denen zuvor O_2-Mangel bzw. hohe CO-Konzentrationen nachgewiesen wurden. Es ist dabei zu berücksichtigen, dass die Messung der Wandatmosphäre eine Momentaufnahme darstellt, wohingegen die festgestellte Materialabzehrung sich über einen längeren Zeitraum vollzogen hat.

Die gute Übereinstimmung der Bereiche zwischen gemessenem Sauerstoffmangel und festgestellter Materialabzehrung bedeutet, dass sich in diesen Bereichen eine „stabile" Zone mit Sauerstoffmangel eingestellt haben muss. Zur Verbesserung der Wandatmosphäre und Vermeidung von reduzierenden Zonen ist es erforderlich, die maßgeblichen Einflussfaktoren auf die Wandatmosphäre zu identifizieren.

Bei der untersuchten Feuerung konnte eine hohe und direkte Abhängigkeit der Wandatmosphäre vom Gesamtluftüberschuss festgestellt werden. Dieser Zusammenhang zwischen Gesamtluftüberschuss, damit verbundenen geringeren Sauerstoffkonzentrationen an den Feuerraumwänden und daraus resultierender Feuerraumkorrosion wurde in der Vergangenheit auch bei anderen Anlagen beobachtet [69]. Als weiterer wesentlicher Einflussfaktor neben dem Gesamtluftüberschuss wurde die Stufung der Verbrennungsluftzugabe am Brenner erkannt. Bei der untersuchten Anlage führte eine Erhöhung des Stufenluftanteils zu höheren Sauerstoffkonzentrationen an den Feuerraumwänden im Einflussbereich der Brenner. Durch die höhere Beaufschlagung der Stufenluftdüsen wird mehr Verbrennungsluft an die umgebenden Feuerraumwände gebracht.

Wandmessstellen im Nahbereich der Brenner zeigten teilweise starke Schwankungen der gemessenen O_2- und CO-Konzentrationen. Als Ursache dieser Schwankungen wurde eine diskontinuierliche Brennstoffzufuhr vermutet. Anhand des im RDK7 installierten MIC-Online-Kohlenstaubmessgerätes konnte diese Annahme bestätigt werden. Um den Einfluss der Brennstoffzufuhr zu bestimmen, wurden an allen Kohlenstaubleitungen isokinetische Absaugmessungen durchgeführt. Mit diesen Messungen konnten sowohl die Kohlenstaubmenge jedes Einzelbrenners als auch die zugehörige Korngrößenverteilung bestimmt werden. Bei der Verteilung des Kohlenstaubes einer Mühle auf die zugeordneten Brenner wurden teilweise erhebliche Ungleichverteilungen festgestellt. Einhergehend mit der Ungleichverteilung der Kohlenstaubmenge stellte sich auch eine Korngrößenseparation ein. Brenner mit hoher Kohlenstaubbeaufschlagung erhielten einen höheren Grobgutanteil, umgekehrt erhielten Brenner mit geringerer Beaufschlagung einen höheren Feinanteil.

Wiederholungsmessungen belegen eine zeitlich konstante Ungleichverteilung des Kohlenstaubes auf die Brenner. Bei einem direkten Zusammenhang zwischen der Ungleichverteilung des Kohlenstaubes und der sich einstellenden Wandatmosphäre ist bei einer zeitlich konstanten Ungleichverteilung der Kohlenstaubverteilung auch die sich einstellende Wandatmosphäre konstant.

Die mittels MIC-Online-Kohlenstaubmesstechnik festgestellten Schwankungen der Kohlenstaubförderung wurden anhand der berechneten Froude-Zahlen auf eine Dünen- bzw. Ballenförderung des Kohlenstaubes zurückgeführt.

Zur Beantwortung der Frage, ob durch eine an die gemessene Kohlenstaubmenge angepasste Verbrennungsluftverteilung die Wandatmosphäre beeinflusst werden kann, wurde an ausgewählten Brennern die Verbrennungsluftmenge erhöht und die Sauerstoffkonzentration an den angrenzenden Wandmessstellen vor und nach Umstellung der Verbrennungsluft gemessen. Die Ergebnisse belegen eine Erhöhung der Sauerstoffkonzentration an den Feuerraumwänden durch diese Maßnahme. Aufgrund der Schwankungen der Eingangsgrößen und einer möglichen Interaktion der Brenner untereinander ist eine exakte Zuordnung zwischen Maßnahme und Auswirkung aber nur eingeschränkt möglich. Um eine quantitative Abschätzung verschiedener Maßnahmen zur Beeinflussung der Wandatmosphäre vornehmen zu können, wurden die reale Feuerung des Block 7 im Rheinhafendampfkraftwerk Karlsruhe in einem Modell abgebildet und die entwickelten Maßnahmen simuliert.

Für den Ausgangszustand der Feuerung wurde eine Basissimulation durchgeführt und deren Ergebnisse mit den entsprechenden Profilmessungen und Betriebsmesswerten verglichen. Das so validierte Feuerungsmodell des RDK 7 wurde anschließend genutzt, um die betrachteten Maßnahmen zur Erhöhung der Sauerstoffkonzentrationen an den Feuerraumwänden zu bewerten. Um eine ganzheitliche Betrachtung der untersuchten Maßnahmen zu ermöglichen, wurden auch ausgewählte Betriebswerte wie die Feuerraumendtemperatur und die NO_x-Konzentration berechnet.

Die Ergebnisse der Simulation bestätigen den Einfluss der Kohlenstaubverteilung auf die Wandatmosphäre und damit auch indirekt auf die Wahrscheinlichkeit des Auftretens von Feuerraumkorrosion. Ebenso hat auch die mit einer Kohlenstaubungleichverteilung einhergehende Separation der Korngrößen einen wenn auch geringeren Einfluss auf die sich einstellende Wandatmosphäre. Das bedeutet, dass die Auswirkungen einer erhöhten Kohlenstaubbeladung einzelner Brenner durch den höheren Anteil an Kohlenstaub mit gröberer Ausmahlung noch verstärkt werden. Umgekehrt erhalten die Brenner mit einer geringeren Kohlenstaubbeladung einen höheren Feinanteil der gemahlenen Kohle.

Dieser Zusammenhang wirkt sich auch auf die primäre NO_x-Bildung aus. Brenner mit einer geringeren Kohlenstaubbeladung und einem gleichzeitig höheren Feinkornanteil zünden früher und bilden eine kürzere Flamme mit kompakter Verbrennungszone aus. Die lokalen Flammentemperaturen erreichen aufgrund der höheren Abbrandgeschwindigkeit kleiner Kohlenstaubpartikel und einer geringeren räumlichen Ausdehnung höhere Werte, als bei Brennern mit höherer Beladung und einem höheren Grobkornanteil. Bei einer nicht an die Kohlenstaubverteilung angepassten Verbrennungsluftmenge erfolgt der Abbrand im Brennernahbereich mit entsprechend unterschiedlichen Luftzahlen. Durch die sich so ergebenden Luftzahlen einzelner Brenner werden die primären NO_x-Minderungsmaßnahmen, die auf der Schaffung einer unterstöchiometrischen Verbrennungszone im Brennerbereich beruhen, teilweise aufgehoben.

Die höchsten Sauerstoffkonzentrationen an den Feuerraumwänden werden mit einer gleichmäßigen Kohlenstaubverteilung und einer einheitlichen Ausmahlung für alle Brenner erreicht. Gleichzeitig wird mit dieser simulierten Betriebsweise auch der höchste Ausbrandwert erzielt.

Die simulationsgestützten Untersuchungen haben ergeben, dass die Beeinflussung der Wandatmosphäre durch eine gezielte Optimierung der Kohlenstaubverteilung am wirkungsvollsten ist, gleichzeitig hat diese Vorgehensweise keine unerwünschten negativen Nebeneffekte.

Die Ergebnisse zeigen, dass der Kohlenstaubverteilung bei einer Kohlenstaubfeuerung eine hohe Bedeutung zukommt. Einfache Zwangsverteilersysteme ermöglichen eine gleichmäßige Kohlenstaubverteilung nur bei einer gleichmäßigen Beaufschlagung aller Verteilerstufen. Gleichmäßigere Kohlenstaubverteilungen können erzielt werden, wenn die Aufteilung des Kohlenstaubes für die Einzelbrenner bereits in der Mühle mit einer der Brenneranzahl entsprechenden Anzahl an Mühlenabgängen erfolgt.

8. Anhang A Ergänzung zu Kapitel 4.2

In Abbildung A1 sind als Ergänzung zu Abbildung 24 die Positionen der Wandmessstellen dargestellt, an denen große O_2-Konzentrationsschwankungen festgestellt wurden.

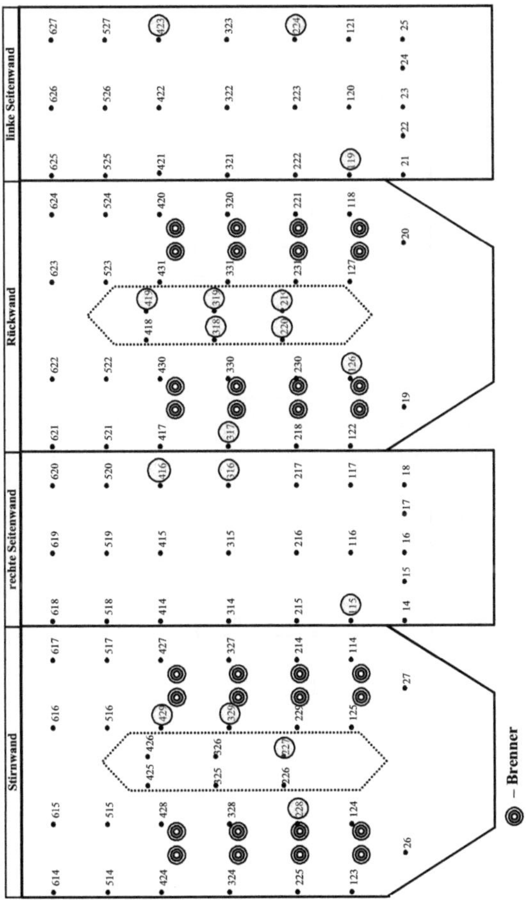

Abbildung A 1: Kesselabwicklung mit markierten Wandmessstellen, an denen die Standardabweichung s für O_2 größer 1,5 ist

9. Anhang B Ergänzung zu Kapitel 5.4 – Auswertung der Kohlenstaubmessungen

Tabelle B 1: Kohlenstaubaufteilung in den einzelnen Verteilerstufen und Ausmahlung der Einzelleitungen für Mühle 10 und Mühle 20

Mühle 10	**Siebrückstände**		**prozentualer Anteil der Verteilerstufen**			**proz. Massenanteil der Staubleitung**
Leitung	200 µm	90 µm	Stufe 1	Stufe 2	Stufe 3	
1	1,2	17,9	42,52	47,23	50,44	10,13
2	2,0	20,1	42,52	47,23	49,56	9,95
3	2,4	24,4	42,52	52,77	57,48	12,90
4	0,9	19,0	42,52	52,77	42,52	9,54
5	2,1	25,1	57,48	52,77	49,03	14,87
6	2,3	27,1	57,48	52,77	50,97	15,46
7	3,7	34,9	57,48	47,23	49,02	13,31
8	3,7	33,2	57,48	47,23	50,98	13,84

Mühle 20	**Siebrückstände**		**prozentualer Anteil der Verteilerstufen**			**proz. Massenanteil der Staubleitung**
Leitung	200 µm	90 µm	Stufe 1	Stufe 2	Stufe 3	
1	0,3	22,0	53,32	54,27	45,17	13,07
2	1,2	23,8	53,32	54,27	54,83	15,87
3	0,7	23,3	53,32	45,73	59,40	14,48
4	0,7	22,5	53,32	45,73	40,60	9,90
5	0,4	17,9	46,68	49,02	46,81	10,71
6	0,9	26,3	46,68	49,02	53,19	12,17
7	0,4	21,0	46,68	50,98	50,81	12,09
8	0,6	24,6	46,68	50,98	49,19	11,71

Tabelle B 2: Kohlenstaubaufteilung in den einzelnen Verteilerstufen und Ausmahlung der Einzelleitungen für Mühle 30 und Mühle 40

Mühle 30	**Siebrückstände**		**prozentualer Anteil der Verteilerstufen**			**proz. Massenanteil der Staubleitung**
Leitung	200 µm	90 µm	Stufe 1	Stufe 2	Stufe 3	
1	1,1	17,4	52,56	43,93	46,68	10,78
2	3,0	38,4	52,56	43,93	53,32	12,31
3	4,7	23,7	52,56	56,07	44,04	12,98
4	3,2	27,5	52,56	56,07	55,96	16,49
5	0,8	19,8	47,44	50,64	46,88	11,26
6	1,5	20,6	47,44	50,64	53,12	12,76
7	0,6	17,8	47,44	49,36	41,24	9,66
8	1,2	21,9	47,44	49,36	58,76	13,76

Mühle 40	**Siebrückstände**		**prozentualer Anteil der Verteilerstufen**			**proz. Massenanteil der Staubleitung**
Leitung	200 µm	90 µm	Stufe 1	Stufe 2	Stufe 3	
1	1,4	25,1	50,81	54,48	43,85	12,14
2	2,2	30,4	50,81	54,48	56,15	15,54
3	2,1	24,1	50,81	45,52	56,06	12,97
4	1,7	16,5	50,81	45,52	43,94	10,16
5	0,8	22,0	49,19	50,48	49,09	12,19
6	1,2	21,1	49,19	50,48	50,91	12,64
7	1,9	24,2	49,19	49,52	52,72	12,84
8	1,9	27,4	49,19	49,52	47,28	11,52

10. Literatur

[1] 13. BImSchV: Dreizehnte Verordnung zur Durchführung des Bundes-Immissionsschutzgesetzes (13. BImSchV – Verordnung über Großfeuerungs- und Gasturbinenanlagen), 2004

[2] BART, E.M.; ADAMS, KRIS, K.E.; PETERS, HERMAN, S.W.; DIEDEREN AND JAE P.F. WINIGHOVEN: Preventing Boiler Corrosion. Waste Management World, September-October 2004

[3] BAUMBACH, G.: Luftreinhaltung. 3. Auflage. Berlin : Springer Verlag, 1993, ISBN 3-540-56823-9

[4] BENESCH, W.; SCHNADT, K.: Auswirkungen von Brennstoffwechseln. VGB Kraftwerkstechnik 75, Heft 8 (1995), S. 715-721

[5] BERRETH, A.; HAN, X.; RISIO, B.; KEIN, K.R.G.: Einsatz detaillierter Gaschemie und nichtoxidierender heterogener Feststoffreaktionen zur Verbesserung der Verlässlichkeit von CO-Vorhersagen in CFD-Simulationen in Kohle- und Gasflammen. 22. Dt. Flammentag, Braunschweig, 2005, VDI-Berichte 1888, S. 471-477

[6] BOHNET, M.: Experimentelle und theoretische Untersuchungen über das Absetzen, Aufwirbeln und den Transport feiner Staubteilchen in pneumatischen Förderleitungen. VDI-Forschungsheft 507, 1965

[7] BORN, M.; SEIFERT, P.: Thermodynamische Berechnungen zur Chlorinduzierten Korrosion an Heizflächen von Feuerungsanlagen. Schlussbericht der VGB-Forschungsprojekte 145 und 153. Hrsg.: VGB Technische Vereinigung der Großkraftwerksbetreiber e. V., Essen, 1997

[8] BOWMAN, C. T., HANSON, R. K., DAVIDSON, D. F., GARDINER, W. C. J., LISSINSKY, V., SMITH, G. P. AND GOLDEN, D. M., (http://www.me.berkeley.edu/gri_mech/), 2000

[9] BRÜGGEMANN, H.; Meiser, A.: Feuerungsumbau im Kraftwerk Bexbach. VGB PowerTech, Heft 11 (2004), S. 62-65

[10] BRUNNE, T.; ALTMANN, H.; KNIESCHKE, A.; SEIFERT, P.; MEYER, B.: Reaktionsmechanismen an ferritischen Werkstoffen bei NO_x-armer Verbrennung von schwefelhaltigen Braunkohlen. VGB-Fachtagung „Brennstofftechnik und Feuerungen", Kassel, Juni 2006

[11] CAMAC, M.; FEINBERG, R.M.: Formation of NO in Shock-Heated Air. 11th Symp. (Int.) on Combustion, The Combustion Institute, Pittsburgh, 1967, pp 137-145

[12] EFFENBERGER, H.: Dampferzeugung. Berlin : Springer Verlag, 2000, ISBN 3-540-64175-0

[13] FENIMORE, C.P.: Formation of Nitric Oxide in Premixed Hydrocarbon Flames. 13th Symp. (Int.) on Combustion, New York, 1971

[14] FINGERLE, A.: Experimentelle Untersuchungen zum Entgasungsverhalten von Kohlenstaub in einer turbulenten Freistrahlflamme. Fortschritt-Berichte VDI, Reihe 6, Nr. 413. Düsseldorf : VDI Verlag, 1999

[15] FIVELAND, W. A.: Discrete-Ordinates Solutions of the Radiative Transport Equation for Rectangular Enclosures. Journal of Heat Transfer, Vol. 106 (1984), pp. 699-706

[16] FÖRTSCH, D.; KLUGER, F.; SCHNELL, U.; SPLIETHOFF, H.; HEIN, K.R.G.: A Kinetic Model for the Prediction of NO Emissions from Staged Combustion of Pulverized Coal. 27th Symp. (Int.) on Combustion, The Combustion Institute, Pittsburgh, 1998, pp. 3037-3044,

[17] FRITZ, U.: Distickstoff und andere Sekundäremissionen bei der selektiven nicht-katalytischen Reduktion von Stickstoffoxiden. Dissertation, TU München, 1994

[18] GEHRKE, B.; REIDICK, H.: Einfluss der primären NO_x-Minderung bei Kohlenstaubfeuerungen auf die Mahl- und Feuerungsanlage. VGB Kraftwerkstechnik, Heft 1 (1987), S. 49-55

[19] GRABKE, H.J.: Grundlagen der Hochtemperaturkorrosion. VDI Berichte, Nr. 600.4, November 1987

[20] GREIßL, O.; SCHEFFKNECHT, G.; KÄß, M.; SABEL, T.: Optimisation of Combustion and Prevention of Water Wall Corrosion at a Pulverized Coal fired Power Plant. 31th International Technical Conference on Coal Utilizations & Fuel Systems, Clearwater, Florida, 2006

[21] GREUL, U.: Experimentelle Untersuchungen feuerungstechnischer NO_x-Minderungsverfahren bei der Kohlenstaubverbrennung. Fortschritt-Berichte VDI, Reihe 6, Nr. 388. Düsseldorf : VDI-Verlag, 1998

[22] GÜNTHER, R.: Verbrennung und Feuerung. Berlin : Springer Verlag, 1974

[23] HEITMÜLLER, W.; BEELMANN, R; WILLACH, R.: Steinkohle-Feinvermahlung für den Einsatz bei NO_x-armen Feuerungen. VGB Kraftwerkstechnik, Heft 5 (1987), S. 491-498

[24] HERMSMEYER, H.: Feuerraumkorrosion in Steinkohlekraftwerken. Diplomarbeit, Universität Gesamthochschule Essen, 1994

[25] JACOBS, J., HEIN, K.R.G.: Bedeutung des N_2O innerhalb der Stickoxidemissionen. VGB Kraftwerkstechnik, Heft 8 (1988), S. 841-843

[26] JONES, D.A.: Principles and Prevention of Corrosion 2nd Edition. Upper Saddle River, NY Prentice Hall, 1996

[27] Käß, M.; Sabel, T.; Risio, B.; Greißl, O.: Betriebsoptimierung durch Vergleich "baugleicher" Feuerungen – Feuerungssimulation und Betriebsversuche. VGB-Fachtagung „Brennstoffe und Feuerungen“, Kassel, 2006

[28] KÄß, M.; KAULITZ, J.: Messung und Überwachung der Luft-/Kohlenstaubverteilung. Sonderdruck aus VGB Kraftwerkstechnik, Heft 11 (November 1995), S. 947-951

[29] KÄß, M.; THIERBACH, H.-U.; SCHREIER, W.: Betriebserfahrungen mit einem neuen Staubfeuerungskonzept für extreme Betriebsanforderung bei niedrigsten Emissionswerten. Tagungsband zur VGB-Fachtagung „Mahlanlagen und Feuerungen“, Kassel, 1999

[30] KÄß, M.; THIERBACH, H.-U.; SCHREIER, W.; SABEL, T.; RISIO, B.: Neues Staubfeuerungskonzept für niedrige Emissionen bei extremen Betriebsanforderungen im Kraftwerk Altbach/Deizisau der Neckarwerke Stuttgart AG. Teil 1: Entwicklung und Auslegung. VGB Kraftwerkstechnik, Heft 12 (2000), S. 39-46

[31] KÄß, M.; THIERBACH, H.-U.; SCHREIER, W.; SABEL, T.; RISIO, B.: Neues Staubfeuerungskonzept für niedrige Emissionen bei extremen Betriebsanforderungen im Kraftwerk Altbach/Deizisau der Neckarwerke Stuttgart AG. Teil 2: Betriebserfahrungen und detaillierte Feuerungsuntersuchungen. VGB Kraftwerkstechnik, Heft 11 (2000), S. 65-73

[32] KAULITZ, J.: Optimierung von Dampferzeugern und Rauchgasreinigungsanlagen. Sonderdruck aus VGB Kraftwerkstechnik, Heft 10 (1990), S. 862-868

[33] KOCHENBURGER, A.: Einsatz unterschiedlicher Kohlequalitäten in der Verbrennung. Brennstoff Wärme Kraft, Bd. 53 (2001), pp. 55-58

[34] KREMER, H.: Grundlagen der NO_x-Entstehung und –Minderung. Gas Wärme Int.. 35. Jg., Nr. 4 (1986), S. 239-246

[35] KUSSIN, J.: Experimentelle Studien zur Partikelbewegung und Turbulenzmodifikation in einem horizontalen Kanal bei unterschiedlichen Wandrauhigkeiten. Dissertation, Universität Halle, 2004

[36] LANGE, G.: Systematische Beurteilung technischer Schadensfälle. Wiley-VCH (2001); S. 277-297

[37] LAUX, S.; GRUSHA, J.; MCCARTHY, K.; ROSIN, T.: Real Time Coal Flow and Particle Size Measurement for Improved Boiler Operation. Presented at Power-Gen 1999, New Orleans, 1999

[38] LAUX, S.; GRUSHA, J.; ROSIN, T.: Benefits and Operating Experience with ECT On-line Coal Flow Measurement Technology, Update 2000

[39] MAGNUSSEN, B.F: 'The Eddy Dissipation Concept', XI Task Leaders Meeting – Energy Conversion in Combustion, IEA, 1989

[40] MAIER, J.; KLUGER, F.; HEINZEL, T.; SPLIETHOFF, H.; HEIN, K.R.G.: Full Scale Measurements to Validate Mathematical Models and to Monitor the Combustion Behaviour of Bituminous and Brown Coal-Fired PF Boilers. 24th International Technical Conference on Coal Utilizations & Fuel Systems, Clearwater, Florida, 1999

[41] MARX, F.J.; JOHÄNNTGEN, U.: Ökologische und ökonomische Aspekte eines NO_x-mindernden Feuerungsumbaus an einer Großdampferzeugeranlage. VGB Kraftwerkstechnik, Heft 5 (1998), S. 27-33

[42] MEIER, H.J.: Moderne Kohle- und Gaskraftwerke – Stand und Zukunftsperspektive. VGB Vortrag auf: Fachkongress Zukunftsenergien, Essen, Feb. 2004

[43] MUSCHELKNAUTZ, E.: Theoretische und experimentelle Untersuchungen über die Druckverluste pneumatischer Förderleitungen unter besonderer Berücksichtigung des Einflusses von Gutreibung und Gutgewicht. VDI-Forschungsheft, Nr. 476. Düsseldorf : VDI-Verlag GmbH, 1959

[44] NORMAN, J.; POURKASHANIAN, M.; WILLIAMS, A.: “Modelling the formation and emissions of environmentally unfriendly coal species in some gasification processes”, FUEL, Vol. 76, No. 13 (1997), pp. 1201-1216

[45] PRONOBIS, M.; KALISZ, S.; OSTROWSKI, P.; WEJKOWSKI, R.: Untersuchungen der Hochtemperaturkorrosion in den Dampferzeugern mit NO_x-armer Verbrennung. XXXII Kraftwerkstechnisches Kolloquium, Dresden, 2000

[46] REESE, B.; CONRADS, H.G.: Optimierung der Brennstoff/Luft-Führung an den Einzelbrenner durch exakte Messung von Kohlenstaub und Luft. VGB Power Tech, Heft 1/2 (2006), S. 64-67

[47] REICHEL, H.-H.: Rauchgasseitige Korrosion in fossilbefeuerten deutschen Kohlekraftwerken. VGB Kraftwerkstechnik 68, Heft 2 (1988), S. 186-197

[48] RICHTER, S.; STRÖHLE, J.; SCHNELL, U.; HEIN, K.R.G.: Application of the 3D Combustion Simulation Code AIOLOS to the Prediction of Ash Deposition in a Pulverised Coal-Fired Utility Boiler. Proc. 4th Intl. Symposium on Coal Combustion, eds. Xu, X.-C., Qi, H.-Y., Fan, B.-G., August 18 -21.1999, Beijing (China), pp. 369-380

[49] RIEDEL, E.: Anorganische Chemie, 2. Auflage. Berlin : Verlag Walter de Gruyter, 1990

[50] RIGBY, J.; MA, J.; WEBB, B.W.:Transformation of Coal-Derived Soot at Elevated Temperature, Energy and Fuels, No 15 (2001), pp. 52-59

[51] RISIO, B.: Effizienz und Verlässlichkeit numerischer Vorhersagen zur rechnergestützten Optimierung von Großkraftwerksbrennkammern. Dissertation, Uni Stuttgart. Düsseldorf : VDI Verlag Düsseldorf, 2001. ISBN 3 18 347106 X

[52] RISO, B.; SCHNELL, U.; HEIN, K.R.G.: Towards a reliable and efficient furnace Simulation tool for coal fierd utility boilers. High performance computing in science and engineering’98, Krause, E.; Jäger, W. (eds), Berlin, Springer-Verlag, 1999

[53] RUHRKOHLEN-HANDBUCH. Essen : Verlag Glückauf GmbH, 1984

[54] RÜSENBERG, D.; HEIN, K.; HOPPE, V.: Feuerungsseitige Maßnahmen zur Minderung der NO_x-Emissionen. VGB Kraftwerkstechnik, Heft 3 (1987), S. 275-279

[55] SABEL, T.: Betriebsoptimierung durch simulationsgestützten Feuerungsvergleich. 22. Deutscher Flammentag, Braunschweig, 2005

[56] SABEL, T.: Betriebsoptimierung von Kohlekraftwerksfeuerungen durch Experiment und Simulation. Dissertation, Universität Stuttgart. Aachen : Shaker Verlag, 2004

[57] SCHEFFKNECHT, G.: Vorlesung „Combustion and Firing Systems", 2007/08

[58] SCHENDLER, W.: Hochtemperaturkorrosion von Stählen. VDI-Bericht, Nr. 600.4, 1987

[59] SCHETTLER, H.: BRUNNE, T.; MENGEL, A.; LANGE, P.: Warum ist eine Feuerungsoptimierung infolge NO_x-armer Verbrennung mit schwefelreicher Braunkohle erforderlich?, VGB-Fachtagung „Brennstofftechnik und Feuerungen", Kassel, Juni 2006

[60] SCHNEIDER, R., RISIO, B., SCHNELL, U., HEIN, K.R.G.: Application of a Differential Reynolds-Stress Turbulence Models to the Numerical Simulation of Coal-Fired Utility Boilers. 3rd Intl. Symposium on Coal Combustion 1995, Beijing (China), pp. 336-343

[61] SIEGEL, W.: Experimentelle Untersuchungen zur pneumatischen Förderung körniger Stoffe in waagerechten Rohren und Überprüfung der Ähnlichkeitsgesetze. VDI Forschungsheft 538. Düsseldorf : VDI Verlag GmbH, 1970

[62] SPLIETHOFF, H.: Verbrennung fester Brennstoffe zur Strom- und Wärmeerzeugung. Fortschritt-Berichte VDI, Reihe 6, Nr. 443, 2000, ISBN 3-18-344306-6

[63] TAPPEN, M.: Kohlenstaub-Mengenmessungen in Brennerleitungen. VGB Kraftwerkstechnik, Heft 11 (2000), S. 51-55

[64] THIERBACH, H.-U., JOCHEM, M., SCHREIER, W., UND COSSMANN, R.: Weiterentwicklung des Stufenmischbrenners für NO_x-arme Kohlenstaubfeuerungen - Ergebnisse aus Versuchen in halbindustriellem Maßstab und Großausführung. 17. Deutscher Flammentag, Hamburg (1995), VDI-Berichte 1193

[65] THIERBACH, H.-U.; SCHREIER, W.: Industrielle Brennerentwicklung – von der Simulationsrechnung bis zum großtechnischen Einsatz. 19. Deutscher Flammentag, Dresden (1999), VDI-Berichte 1492

[66] Thomas, H.-J.: Thermische Kraftanlagen. Berlin : Springer Verlag, 1975

[67] TIGGES, K.D.; BISCHOFF, W.; STEINHAGE, T.: Walzenschüsselmühlen als Komponenten moderner Feuerungstechnik. VGB Kraftwerkstechnik, Heft 11 (1998), S. 77-88

[68] VAN DOORMAL, J.P., RAITHBY, G.D.: Enhancements of the SIMPLE Method for Predicting Incompressible Fluid Flows. Numer. Heat Transfer, Vol. 7 (1984), pp. 147-163

[69] VGB: Primärmaßnahmen zur NO_x-Minderung an Staubfeuerungen für Stein- und Braunkohle. VGB Erfahrungs-Bericht zweite Ausgabe, VGB PowerTech Service GmbH. Essen : Verlag technisch-wissenschaftlicher Schriften, 2007

[70] WARNATZ, J.; MAAS, U.: Technische Verbrennung. Berlin : Springer Verlag, 1993

[71] ZELDOVICH, J.: The Oxidation of Nitrogen in Combustion and Explosions, Acta Physiochemica URSS 21 (1946), S. 577

[72] ZELKOWSKI, J.: Kohleverbrennung: Brenstoff, Physik und Theorie. Technik, Band 8 der Fachbuchreihe Kraftwerkstechnik, 1. Auflage, VGB-Kraftwerkstechnik, Essen, 1986

[73] ZIPSE, G.: Die Massenstromdichteverteilung bei der pneumatischen Staubförderung und ihre Beeinflussung durch Einbauten in die Förderleitung. VDI-Fortschrittsberichte Reihe 13, Nr. 3, 1966